BIM 技术基础

主　编：刘　喆
　　　　孙　恒
副主编：段　羽
　　　　刘尧遥
　　　　牟荟瑾

中国建筑工业出版社

图书在版编目（CIP）数据

BIM 技术基础 / 刘喆，孙恒主编 .—北京：中国建筑工业出版社，2018.8
ISBN 978-7-112-22372-5

Ⅰ.①B… Ⅱ.①刘… ②孙… Ⅲ.①建筑设计-计算机辅助设计-应
用软件-教材 Ⅳ.① TU201.4

中国版本图书馆 CIP 数据核字（2018）第 135297 号

本书是作者依据自己多年的教学和工程实践经验结合编写而成。全书包括
BIM 技术概述篇、基础操作篇、专业提高篇三大部分内容。全书内容详略得当、
层次分明，所讲述的知识点连贯，适合广大对 BIM 技术感兴趣的初学者阅读、使用。

责任编辑：张伯熙　范业庶
责任设计：李志立
责任校对：王　瑞

BIM技术基础

主　编：刘　喆　孙　恒
副主编：段　羽　刘尧遥　牟荟瑾

*

中国建筑工业出版社出版、发行（北京海淀三里河路9号）
各地新华书店、建筑书店经销
北京建筑工业印刷厂制版
北京富生印刷厂印刷

*

开本：787×1092毫米　1/16　印张：14¼　字数：340千字
2018年8月第一版　2018年8月第一次印刷
定价：40.00元
ISBN 978-7-112-22372-5
（32259）

前　　言

　　本书为 BIM 系列课程中的"BIM 技术基础"课程授课用书，其编写理念重点突出 BIM 技术基础性教学与不同专业差异化的授课过程。本书主要分为五部分内容：第一部分内容为 BIM 理论概述，本部分将突出通识性教育及 Revit 软件的基础操作，不同专业的学生均需熟练掌握；第二部分内容为 BIM 技术基础，本部分包含建筑基础与结构基础两部分内容，针对全专业开展基础性的柱、梁、板、墙等内容的教学（不同专业进入不同项目样板，做不同构件），重点让全专业学生熟练地掌握绘图的基本操作；第三部分内容为 BIM 结构，本部分重点针对土木工程、管理等相关专业开展，重点讲授结构模板建立、基础、钢筋绘制、结构分析，其他专业学生对本部分内容仅作了解，不强制要求；第四部分内容为 BIM 建筑，本部分重点针对建筑、艺术、规划、管理等相关专业开展，重点讲授建筑墙、门窗、楼板、屋顶、楼梯、幕墙、族制作等部分内容，其他专业的学生对本部分内容仅作了解，不强制要求；第五部分内容为 BIM 设备，本部分重点针对市政、电信学院的相关专业开展，重点讲授暖通管线布置、电气相关管线布置、管线综合等相关内容。

　　本书采用 Revit 2016 作为讲解软件，以吉林建筑大学城建学院某栋建筑为实际案例，结合编者 5 年的工程实践经验，以实际工程为主线，串联软件操作等部分内容，做到知识与实践相结合。力争使学生在学完本课程后，能将所学的知识运用于下一阶段 BIM 深化相关课程体系中，实现 BIM 技术基础教学这一根本性目的。

　　本书第一章和第三章由刘喆、段羽编写，第二章和第四章由段羽、刘尧遥编写，第五章由段羽编写，第六章由刘尧遥编写，第七章由孙恒编写，第八章由段羽、刘尧遥、牟荟瑾编写。全书由刘喆与孙恒统稿，牟荟瑾负责最终校稿。

目　　录

第一篇　BIM 技术概述篇

第一章 BIM 基础知识

本章主要从 BIM 技术的由来、概念、现状、特点、各阶段应用价值等五个方面对 BIM 基础知识做出具体介绍，为后面几章内容的学习打下基础。

首先对 BIM 的由来及常用术语做出基本概述，介绍了 BIM 的发展及应用现状。而后从 BIM 的特点及各阶段应用价值与方法入手，详细阐述了 BIM 的应用领域及现阶段的可应用性。

1.1 BIM 技术概述

1.1.1 BIM 的由来

BIM 技术的研究经历了三个阶段：萌芽阶段、产生阶段和发展阶段。

BIM 理念的启蒙。受到了 1973 年全球石油危机的影响，美国全行业需要考虑提高行业效益的问题，1975 年"BIM 之父"Eastman 教授在其研究的课题"Building Description System（直译为：建筑描述系统，可视为建筑模型的英文前身）"中提出"a computer based description of a building（基于计算机的建筑物描述）"，以便于实现建筑工程的可视化和量化分析，提高工程建设效率。

BIM 理念的产生。美国佐治亚理工学院建筑与计算机专业的查克伊斯曼（Chuck Eastman）博士提出的一个概念：建筑信息模型包含了不同专业的所有的信息、功能要求和性能，把一个工程项目的所有信息包括在设计过程、施工过程、运营管理过程的信息全部整合到一个建筑模型，至此 BIM（Building Information Modeling）建筑信息模型这一概念进入了人们的视野。但在当时流传速度较慢，直到 2002 年，由 Autodesk 公司（图 1.1-1）正式发布《BIM 白皮书》后，由 BIM 教父——Jerry Laiserin 对 BIM 的内涵和外延进行界定并把 BIM 一次推广流传。

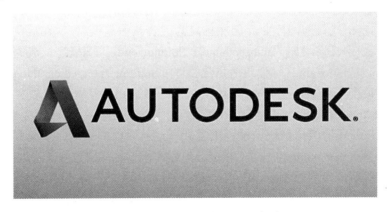

图 1.1-1 Autodesk 公司标志

BIM 理念的发展。在国外大范围推广流传之后，我国也加入到 BIM 研究的国际阵容中，适应中国国情而提出了建筑信息模型（Building Information Modeling）、建筑信息化管理（Building Information Management）、建筑信息制造（Building Information Manufacture）三位一体的 BIM 发展新模式，实现以建筑工程项目的各项相关信息数据作为基础，通过数字信息仿真模拟建筑物所具有的真实信息，通过三维建筑模型，实现工程监理、物业管理、设备管理、数字化加工、工程化管理等功能。

1.1.2　BIM 技术概念

BIM 技术是一种多维（三维空间、四维时间、五维成本、N 维更多应用）模型信息集成技术，可以使建设项目的所有参与方（包括政府主管部门、业主、设计、施工、监理、造价、运营管理、项目用户等）在项目从概念产生到完全拆除的整个生命周期内能够在模型中操作信息和在信息中操作模型，从而在根本上改变从业人员依靠符号文字形式图纸进行项目建设和运营管理的工作方式，实现在建设项目全生命周期内提高工作效率和质量以及减少错误和风险的目标。

BIM 的含义总结为以下三点：

（1）BIM 是以三维数字技术为基础，集成了建筑工程项目各种相关信息的工程数据模型，是对工程项目设施实体与功能特性的数字化表达。

（2）BIM 是一个完善的信息模型，能够连接建筑项目生命期不同阶段的数据、过程和资源，是对工程对象的完整描述，提供可自动计算、查询、组合拆分的实时工程数据，可被建设项目各参与方普遍使用。

（3）BIM 具有单一工程数据源，可解决分布式、异构工程数据之间的一致性和全局共享问题，支持建设项目生命期中动态的工程信息创建、管理和共享，是项目实时的共享数据平台。

1.1.3　BIM 常用术语

1. BIM

前期定义为"Building Information Model"，之后将 BIM 中的"Model"替换为"Modeling"，即"Building Information Modeling"。前者指的是静态的"模型"，后者指的是动态的"过程"，可以直译为"建筑信息建模"、"建筑信息模型方法"或"建筑信息模型过程"，但约定俗成目前国内业界仍然称之为"建筑信息模型"。在近些年的发展过程中"Modeling"一词又被附加"Management"、"Manufacture"等概念，成为建筑信息模型（Building Information Modeling）、建筑信息化管理（Building Information Management）、建筑信息制造（Building Information Manufacture）三位一体的 BIM 发展新模式。

2. PAS 1192

PAS 1192 即使用建筑信息模型设置信息管理运营阶段的规范。该规范规定了 level of model（图形信息）、model information（非图形内容，比如具体的数据）、model definition（模型的意义）和模型信息交换（model information exchanges）。PAS 1192-2 提出 BIM 实施计划（BEP）是为了管理项目的交付过程，有效地将 BIM 引入项目交付流程对项目团队在项目早期发展 BIM 实施计划很重要。它概述了全局视角和实施细节，帮助项目团队贯穿项目实践。它经常在项目启动时被定义并当新项目成员被委派时调节他们的参与。

3. IFC

IFC 即 Industry Foundation Class。IFC 是一个包含各种建设项目设计、施工、运营各个阶段所需要的全部信息的一种基于对象的、公开的标准文件交换格式。

4. Level

表示 BIM 等级从不同阶段到完全合作被认可的里程碑阶段的过程，是企业或项目在BIM 领域技术成熟度的划分。这个过程被分为 0~3 共 4 个阶段，目前对于每个阶段的定义还有争论，最广为认可的定义如下：

Level 0：没有合作，只有二维的 CAD 图纸，通过纸张和电子文本输出结果（图 1.1–2）。

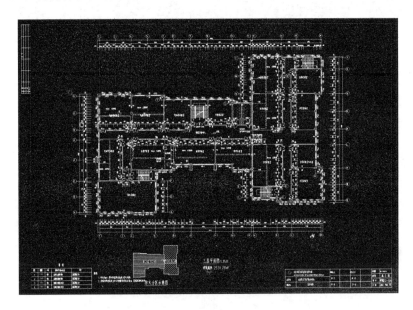

图 1.1–2　二维 CAD 图纸

Level 1：含有一点三维 CAD 的概念设计工作（图 1.1–3），法定批准文件和生产信息都是 2D 图输出。不同学科之间没有合作，每个参与者只含有它自己的数据。

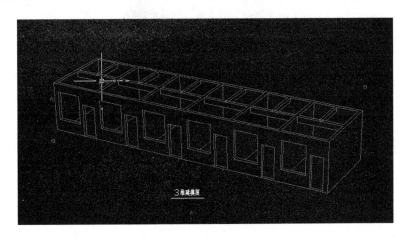

图 1.1–3　三维 CAD 图纸

Level 2：合作性工作，所有参与方都使用他们自己的 3 维模型（图 1.1-4），设计信息共享是通过普通文件格式。各个组织都能将共享数据和自己的数据结合，从而发现矛盾。因此各方使用的软件必须能够以普通文件格式输出。

图 1.1-4　三维模型

Level 3：所有学科整合性合作，使用一个在环境中的共享性的项目模型。各参与方都可以访问和修改同一个模型，解决了最后一层信息冲突的风险，这就是所谓的"OpenBIM"，即一种在建筑的合作性设计施工和运营中基于公共标准和公共工作流程的开放资源的工作方式，见图 1.1-5。

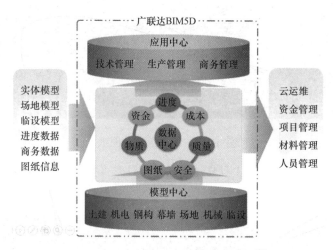

图 1.1-5　BIM5D 多专业融合平台 [1]

5. LOD

BIM 模型的发展程度或细致程度（Level of detail）。LOD 描述了一个 BIM 模型构件单元从最低级的近似概念化的程度发展到最高级的演示级精度的步骤。LOD 的定义主要运用于确定模型阶段输出结果及分配建模任务这两方面。在现阶段 BIM 技术应用的相关工程中，均用 LOD 的数值作为评判模型精细程度与价值的依据。

1.1.4　BIM 模型精度

模型的细致程度描述了一个 BIM 模型构件单元从最低级的近似概念化的程度发展到

最高级的演示级精度的步骤。美国建筑师协会（AIA）为了规范 BIM 参与各方及项目各阶段的界限，在 2008 年定义了 LOD 的概念。这些定义可以根据模型的具体用途进行进一步的发展。LOD 的定义可以用于两种途径：确定模型阶段输出结果（Phase Outcomes）以及分配建模任务（Task Assignments）。

1. 模型阶段输出结果（Phase Outcomes）

随着设计的进行，不同的模型构件单元会以不同的速度从一个 LOD 等级提升到下一个。例如，在传统的项目设计中，大多数的构件单元在施工图设计阶段完成时需要达到 LOD300 的等级，同时在施工阶段中的深化施工图设计阶段大多数构件单元会达到 LOD400 的等级。但是有一些单元，例如墙面粉刷，永远不会超过 LOD100 的层次。即粉刷层实际上是不需要建模的，它的造价以及其他属性都附着于相应的墙体中。

2. 任务分配（Task Assignments）

在三维表现之外，一个 BIM 模型构件单元能包含非常大量的信息，这个信息可能是多方来提供。例如，一面三维的墙体或许是建筑师创建的，但是总承包方要提供造价信息，暖通空调工程师要提供流速 U 值和保温层信息，一个隔声承包商要提供隔声值的信息等。为了解决信息输入多样性的问题，美国建筑师协会文件委员会提出了"模型单元作者"（MCA）的概念，该作者需要负责创建三维构件单元，但是并不一定需要为该构件单元添加其他非本专业的信息。

3. 精细度划分

LOD 被定义为 5 个等级，从概念设计到竣工设计，已经足够来定义整个模型过程。但是，为了给未来可能会插入等级预留空间，定义 LOD 为 100 到 500。具体的等级如下：LOD 100 为概念化设计；LOD 200 为近似构件（方案设计及扩初）；LOD 300 为精确构件（施工图及深化施工图设计）；LOD 400 为可满足现场实际构建加工的精度；LOD 500 为所设计模型为与实际现场竣工验收高度一致。

LOD 100：等同于概念设计，此阶段的模型通常为表现建筑整体类型分析的建筑体量，分析包括体积，建筑朝向，每平方造价等（图 1.1-6）。

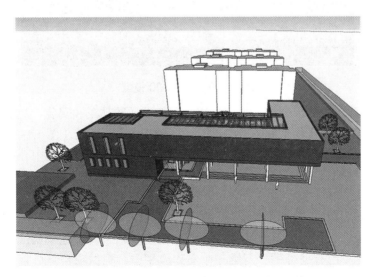

图 1.1-6 LOD100 模型

LOD 200：等同于方案设计或扩初设计，此阶段的模型包含普遍性系统包括大致的数量、大小、形状、位置以及方向。LOD 200模型通常用于系统分析以及一般性表现目的（图 1.1-7）。

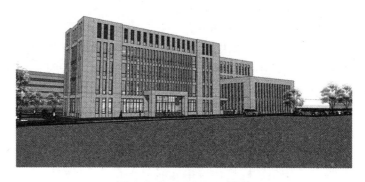

图 1.1-7　LOD200 模型

LOD 300：模型单元等同于传统施工图和深化施工图层次。此模型已经能很好地用于成本估算以及施工协调包括碰撞检查、施工进度计划以及可视化。LOD 300 模型应当包括业主在 BIM 提交标准里规定的构件属性和参数等信息（图 1.1-8）。我们常说的 LOD 350 的概念，就是在 LOD 300 基础之上再加上建筑系统（或组件）间组装所需之接口信息细部节点。

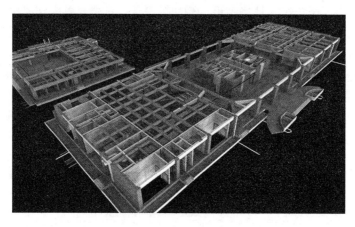

图 1.1-8　LOD300 模型

LOD 400：此阶段的模型被认为可以用于模型单元的加工和安装。此模型更多地被专门的承包商和制造商用于加工和制造项目的构件包括水电暖系统（图 1.1-9）。

LOD 500：最终阶段的模型表现的项目竣工的情形。模型将作为中心数据库整合到建筑运营和维护系统中去。LOD 500 模型将包含业主 BIM 提交说明里制定的完整的构件参数和属性。

在 BIM 实际应用中，我们的首要任务就是根据项目的不同阶段以及项目的具体目的来确定 LOD 的等级，根据不同等级所概括的模型精度要求来确定建模精度。可以说，LOD 在做到了让 BIM 应用有据可循。当然，在实际应用中，根据项目具体目的的不同，LOD 也不用生搬硬套，适当的调整也是无可厚非的。

图 1.1-9　LOD400 模型

1.1.5　IFC 标准

IFC 是由 building SMART 以工业的产品资料交换标准 STEP 编号 ISO-10303-11 的产品模型信息描述用 EXPERSS 语言为基础，基于 BIM 中 AEC/FM 相关领域信息交流所指定的资料标准格式。有专家认为 IFC 如同网络通信标准 HTML 一样，IFC 不属于任何 BIM 软件专有，而加入 IFC 标准认证的各领域及不同软件也日益增加，许多公司或教育单位也加入研究并开发相应的应用，同时提供免费试用源代码，以此吸引更多人参与 IFC 的研究与发展。基于 BIM 的 IFC 标准已经发展 10 年有余，渐渐受到学术界与业界重视，IFC 不断发展它将会是 AEC 相关信息交换的重要标准。

由 building SMART 制定的 IFC 标准格式，包含了建筑过程中的许多信息，这些信息的运用管理与 AEC 大量信息管理开发的软件管理概念相似，如生命周期、资料分类、成本资料、图档模型等项目的管理，而以 IFC 为基础的管理应用研究也越来越多，例如基于 IFC 在建筑生命周期管理应用尝试以 IFC 为主结合网络管理，建立于建筑生命周期的资讯系统等。IFC 包含的成本信息应用方面，基于我国国家标准《建设工程工程量清单计价规范》GB 50500—2008 规范与 IFC 资料内包含的成本信息，以 C++ 编写出 BIM 招标建设专案半自动的成本估算程序，应用于国内实际的教学案例，并且验证了其成本估算的性能和正确性。

IFC 在检测方面应用 BIM 软件建立模型之后，转成 IFC 格式并在档案中加入结构探测器类别之后将 IFC 档案应用在结构分析中，以此方式研究 IFC 用于进行结构合理检测的信息交换的可行性；IFC 在资料管理方面，有相应组织创立 BIMserver.org，提供有 JAVA 语言编写的免费的 BIMserver 使用。BIMserver 主要用于 IFC 资料进行模型管理、用户管理、修订管理、变更警告、查询功能、与谷歌地图结合应用等，并能依照 IFC 档案中所包含的几何信息建立浏览；对于 IFC 模型的浏览要求，除了许多 BIM 软件本身提供的浏览功能或额外的浏览器，另外有许多免费或者开放原始代码的浏览器。

1.2 BIM 的应用现状

1.2.1 BIM 在国外的应用现状

1. BIM 在美国的发展现状

美国是较早启动建筑业信息化研究的国家，发展至今，BIM 研究与应用都走在世界前列。目前，美国大多建筑项目已经开始应用 BIM，BIM 的应用点种类繁多，而且存在各种 BIM 协会，也出台了各种 BIM 标准。关于美国 BIM 的发展，有以下两大 BIM 的相关机构。

（1）GSA

2003 年，为了提高建筑领域的生产效率、提升建筑业信息化水平，美国总务署（General Service Administration，GSA）下属的公共建筑服务（Public Building Service）部门的首席设计师办公室（Office of the Chief Architect, OCA）推出了全国 3D-4D-BIM 计划。从 2007 年起，GSA 要求所有大型项目（招标级别）都需要应用 BIM，最低要求是空间规划验证和最终概念展示都需要提交 BIM 模型。所有 GSA 的项目都被鼓励采用 3D-4D-BIM 技术，并且根据采用这些技术的项目承包商的应用程序不同，给予不同程度的资金支持。目前 GSA 正在探讨在项目生命周期中应用 BIM 技术，包括：空间规划验证、4D 模拟、激光扫描、能耗和可持续发展模拟、安全验证等，并陆续发布各领域的系列 BIM 指南，对于规范和 BIM 在实际项目中的应用起到了重要作用。

（2）BSa

Building SMART 联盟（Building SMART alliance. bSa）致力于 BIM 的推广与研究，使项目所有参与者在项目生命周期阶段能共享准确的项目信息。通过 BIM 收集和共享项目信息与数据，可以有效地节约成本、减少浪费。美国 bSa 的目标是在 2020 年之前，帮助建设部门节约 31% 的浪费或者节约 4 亿美元。bSa 下属的美国国家 BIM 标准项目委员会（the National Building Information Mode1 Standard Project Committee-United States, NBIMS-US），专门负责美国国家 BIM 标准（National Building Information Model Standard, NBIMS）的研究与制定。2007 年 12 月，NBIMS-US 发布了 NBIMS 的第一版的第一部分，主要包括了关于信息交换和开发过程等方面的内容，明确了 BIM 过程和工具的各方定义、相互之间数据交换要求的明细和编码，使不同部门可以开发充分协商一致的 BIM 标准，更好地实现协同。2012 年 5 月，NBIMS-US 发布 NBIMS 的第二版的内容。NBIMS 第二版的编写过程采用了一个开放投稿（各专业 BIM 标准）、充分投票决定标准的内容（Open Consensus Process），因此，也被称为是第一份基于共识的 BIM 标准。

2. BIM 在英国的发展现状

与大多数国家不同，英国政府要求强制使用 BIM。2011 年 5 月，英国内阁办公室发布了政府建设战略（Government Construction Strategy）文件，其明确要求：到 2016 年，政府要求全面协同的 3D·BIM，并将全部的文件以信息化管理。

政府要求强制使用 BIM 的文件得到了英国建筑业 BIM 标准委员会［AEC（UK）BIM Standard Committee］的支持。迄今为止，英国建筑业 BIM 标准委员会已发布了英国建筑业

BIM 标准［AEC（UK）BIMStandard］、适用于 Revit 的英国建筑业 BIM 标准［AEC（UK）BIMStandard for Revit］、适用于 Bentley 的英国建筑业 BIM 标准［AEC（UK）BIM Standard for Bentley Product］，并且还在制定适用于 ArchiCAD、Vectorworks 的 BIM 标准，这些标准的制定为英国的 AEC 企业从 CAD 过渡到 BIM 提供切实可行的方案和程序。

3. BIM 在新加坡的发展现状

在 BIM 这一术语引进之前，新加坡当局就注意到信息技术对建筑业的重要作用。早在 1982 年，"建筑管理署"（Building and Construction Authority, BCA）就有了人工智能规划审批（Artificial Intelligence Plan Checking）的想法，2000~2004 年，发展 CORENET（Construction and Real Estate NETwork）项目，用于电子规划的自动审批和在线提交，是世界首创的自动化审批系统。2011 年，BCA 发布了新加坡 BIM 发展路线规划（BCA's Building Information Modelling Roadmap），规划明确推动整个建筑业在 2015 年前广泛使用 BIM 技术。

在创造需求方面，新加坡政府部门带头在所有新建项目中明确提出 BIM 需求。2011 年，BCA 与一些政府部门合作确立了示范项目。BCA 将强制要求提交建筑 BIM 模型（2013 年起）、结构与机电 BIM 模型（2014 年起），并且最终在 2015 年前实现所有建筑面积大于 5000m^2 的项目都必须提交 BIM 模型的目标。

在建立 BIM 能力与产量方面，BCA 鼓励新加坡的大学开设 BIM 的课程、为毕业学生组织密集的 BIM 培训课程、为行业专业人士建立了 BIM 专业学位。

4. BIM 在北欧国家的发展现状

北欧国家中的挪威、丹麦、瑞典和芬兰等，是全球最先一批采用基于模型设计的国家，它们也推动了建筑信息技术的互用性和开放标准。

上述北欧四国政府并未强制要求全部使用 BIM，但由于当地气候的要求以及先进建筑信息技术软件的推动，BIM 技术的发展主要是其企业的自觉行为。如 2007 年，Senate Properties 发布了一份建筑设计的 BIM 要求（Senate Properties' BIM Requirements for Architectural Design, 2007），自 2007 年 10 月 1 日起，Senate Properties 的项目仅强制要求建筑设计部分使用 BIM，其他设计部分可根据项目情况自行决定是否采用 BIM 技术，但目标将是全面使用 BIM。该报告还提出，在设计招标将有强制的 BIM 要求，这些 BIM 要求将成为项目合同的一部分，具有法律约束力；建议在项目协作时，建模任务需创建通用的视图，需要准确的定义；需要提交最终 BIM 模型，且建筑结构与模型内部的碰撞需要进行存档；建模流程分为四个阶段：Spatial Group BIM、Spatial BIM、Preliminary Building Element BIM 和 Building Element BIM。

5. BIM 在日本的发展现状

在日本，2009 年可以说是日本的 BIM 元年。大量的日本设计公司、施工企业开始应用 BIM，而日本国土交通省也在 2010 年 3 月表示，已选择一项政府建设项目作为试点，探索 BIM 在设计可视化、信息整合方面的价值及实施流程。

日经 BP 社在 2010 年调研了 517 位设计院、施工企业及相关建筑行业从业人士，了解他们对于 BIM 的认知度与应用情况。其结果显示，BIM 的知晓度从 2007 年的 30% 提升至 2010 年的 76%。2008 年的调研显示，采用 BIM 的最主要原因是 BIM 绝佳的展示效果，而 2010 年人们使用 BIM 主要用于提升工作效率，仅有 7% 的业主要求施工企业应用 BIM，这也表明日本企业应用 BIM 更多是企业的自身选择与需求。日本 33% 的施工企业已经应用 BIM，这些企业当中近 90% 是在 2009 年之前开始实施的。

日本 BIM 相关软件厂商认识到，BIM 是需要多个软件来互相配合，是数据集成的基本前提，因此多家日本 BIM 软件商在 IAI 日本分会的支持下，以福井计算机株式会社为主导，成立了日本国国产解决方案软件联盟。此外，日本建筑学会于 2012 年 7 月发布了日本 BIM 指南，从 BIM 团队建设、BIM 数据处理、BIM 设计流程、应用 BIM 进行预算、模拟等方面为日本的设计院和施工企业应用 BIM 提供了指导。

6. BIM 在韩国的发展现状

韩国在运用 BIM 技术上十分领先，多个政府部门都致力制定 BIM 的标准。2010 年 4 月，韩国公共采购服务中心（Public Procurement Service,PPS）提出：2010 年，在 1~2 个大型工程项目应用 BIM；2011 年，在 3~4 个大型工程项目应用 BIM；2012~2015 年，超过 50 亿韩元大型工程项目都采用 4D · BIM 技术（3D ＋ 成本管理）；2016 年前，全部公共工程应用 BIM 技术。2010 年 12 月，PPS 发布了《设施管理 BIM 应用指南》，针对设计、施工图设计、施工等阶段中的 BIM 应用进行行指导，并于 2012 年 4 月对其进行了更新。

2010 年 1 月，韩国国土交通海洋部发布了《建筑领域 BIM 应用指南》，该指南为开发商、建筑师和工程师在申请四大行政部门、16 个都市以及 6 个公共机构的项目时，提供采用 BIM 技术时必须注意的方法及要素的指导。指南应该能在公共项目中系统地实施 BIM，同时也为企业建立实用的 BIM 实施标准。

1.2.2 BIM 在中国的应用现状

1.BIM 在中国香港地区的应用现状

中国香港地区的 BIM 发展也主要靠行业自身的推动。早在 2009 年，中国香港地区便成立了香港 BIM 学会。2010 年，香港的 BIM 技术应用目前已经完成从概念到实用的转变，处于全面推广的最初阶段。香港房屋署自 2006 年起，已率先试用建筑信息模型；为了成功地推行 BIM，自行订立 BIM 标准、用户指南、组建资料库等设计指引和参考。这些资料有效地为模型建立、管理档案，以及用户之间的沟通创造了良好的环境。2009 年 11 月，香港房屋署发布了 BIM 应用标准。香港房屋署提出：在 2014 年到 2015 年该项技术将覆盖香港房屋署的所有项目。

2. BIM 在中国台湾地区的应用现状

在科研方面，2007 年中国台湾地区内的台湾大学与 Autodesk 签订了产学合作协议，重点研究建筑信息模型（BIM）及动态工程模型设计。2009 年，台湾大学土木工程系成立了工程信息仿真与管理研究中心，促进了 BIM 相关技术与应用的经验交流、成果分享、人才培训与产学研合作。2011 年 11 月，BIM 中心与淡江大学工程法律研究发展中心合作，出版了《工程项目应用建筑信息模型之契约模板》一书，并特别提供合同范本与说明，补充了现有合同内容在应用 BIM 上之不足。高雄应用科技大学土木系也于 2011 年成立了工程资讯整合与模拟 BIM）研究中心。此外，台湾交通大学、台湾科技大学等对 BIM 进行了广泛的研究，推动了台湾对于 BIM 的认知与应用。

中国台湾地区的当局对 BIM 的推动有两个方向：首先，对于建筑产业界，当局希望其自行引进 BIM 应用。对于新建的公共建筑和公有建筑，其拥有者为当局单位，工程发包监督都受当局管辖，则要求在设计阶段与施工阶段都以 BIM 完成。其次，一些城市也在积极学习国外的 BIM 模式，为 BIM 发展打下基础；另外，当局也举办了一些关于 BIM 的座谈会和研讨会，共同推动了 BIM 的发展。

3. BIM 在中国大陆省（区、市）的应用现状

近来 BIM 在中国建筑业形成一股热潮，除了前期软件厂商的大声呼吁外，政府相关单位、各行业协会与专家、设计单位、施工企业、科研院校等也开始重视并推广 BIM。2010 与 2011 年，中国房地产业协会商业地产专业委员会、中国建筑业协会工程建设质量管理分会、中国建筑学会工程管理研究分会、中国土木工程学会计算机应用分会组织并发布了《中同商业地产 BIM 应用研究报告 2010》和《中国工程建设 BIM 应用研究报告 2010》，一定程度上反映了 BIM 在我国工程建设行业的发展现状。根据两届的报告，关于 BIM 的知晓程度从 2010 年的 60% 提升至 2011 年的 87%。2011 年，共有 39% 的单位表示已经使用了 BIM 相关软件，而其中以设计单位居多。

2011 年 5 月，住建部发布的《2011-2015 建筑业信息化发展纲要》中，明确指出：在施工阶段开展 BIM 技术的研究与应用，推进 BIM 技术从设计阶段向施工阶段的应用延伸，降低信息传递过程中的衰减；研究基于 BIM 技术的 4D 项目管理信息系统在大型复杂工程施工过程中的应用，实现对建筑工程有效的可视化管理等。这拉开了 BIM 在中国应用的序幕。

2012 年 1 月，住建部《关于印发 2012 年工程建设标准规范制订修订计划的通知》宣告了中国 BIM 标准制定工作的正式启动，其中包含五项 BIM 相关标准：《建筑工程信息模型应用统一标准》、《建筑工程信息模型存储标准》、《建筑工程设计信息模型交付标准》、《建筑工程设计信息模型分类和编码标准》、《制造工业工程设计信息模型应用标准》。其中《建筑工程信息模型应用统一标准》的编制采取"千人千标准"的模式，邀请行业内相关软件厂商、设计院、施工单位、科研院所等近百家单位参与标准研究项目、课题、子课题的研究。至此，工程建设行业的 BIM 热度日益高涨。

2013 年 8 月，住建部发布《关于征求关于推荐 BIM 技术在建筑领域应用的指导意见（征求意见稿）意见的函》，征求意见稿中明确，2016 年以前政府投资的 2 万 m² 以上大型公共建筑以及省报绿色建筑项目的设计、施工采用 BIM 技术；截至 2020 年，完善 BIM 技术应用标准、实施指南，形成 BIM 技术应用标准和政策体系。

2014 年度，各地方政府关于 BIM 的讨论与关注更加活跃，上海、北京、广东、山东、陕西等各地区相继出台了各类具体的政策推动和指导 BIM 的应用与发展。

2015 年 6 月，住建部《关于推进建筑信息模型应用的指导意见》中，明确发展目标：到 2020 年末，建筑行业甲级勘察、设计单位以及特级、一级房屋建筑工程施工企业应掌握并实现出 BIM 与企业管理系统和其他信息技术的一体化集成应用。

2017 年 2 月底，国务院办公厅印发《关于促进建筑业持续健康发展的意见》。意见指出：要加强技术研发应用。加快先进建造设备、智能设备的研发、制造和推广应用，提升各类施工机具的性能和效率，提高机械化施工程度。限制和淘汰落后、危险工艺工法，保障生产施工安全。积极支持建筑业科研工作，大幅提高技术创新对产业发展的贡献率。加快推进建筑信息模型（BIM）技术在规划、勘察、设计、施工和运营维护全过程的集成应用，实现工程建设项目全生命周期数据共享和信息化管理，为项目方案优化和科学决策提供依据，促进建筑业提质增效。与此同时，各地方也加速地方指导意见的制定与落实。

2017 年 7 月，国家 BIM 标准—《建筑信息模型应用统一标准》GB/T 51212—2016 正式施行。《建筑信息模型应用统一标准》GB/T 51212—2016 是我国第一部建筑信息模型应用的工程建设标准，填补了我国 BIM 技术应用标准的空白。《建筑信息模型应用统一标准》GB/T 51212—2016 提出了建筑信息模型应用的基本要求，是建筑信息模型应用的基础标准，可作为我国建筑信息模型应用及相关标准研究和编制的依据。《建筑信息模型应用统一标准》GB/T 51212—2016 的内容科学合理，具有基础性和开创性，对促进我国建筑信息模型应用和发展具有重要指导作用。伴随着《建筑信息模型应用统一标准》GB/T 51212—2016 的发布，以及行业对 BIM 认识的深入，行业的关注点已经从"用不用 BIM"、"BIM 有没有用"转移到"如何用 BIM"、"怎样用 BIM"上来。各地的 BIM 政策也印证了 BIM 在现阶段的发展趋势。

1.3 BIM 的特点

1.3.1 可视化

1. 设计可视化

设计可视化即在设计阶段建筑及构件以二维方式直观呈现出来。设计师能够运用三维思考方式有效地完成建筑设计，同时也使业主（或最终用户）真正摆脱了技术壁垒限制，随时可直接获取项目信息，大大减小了业主与设计师间的交流障碍。BIM 工具具有多种可视化的模式，一般包括隐藏线、带边框着色和真实的模型三种模式。

2. 施工可视化

（1）施工组织可视化

施工组织可视化即利用 BIM 工具创建建筑设备模型、周转材料模型、临时设施模型等，以模拟施工过程、确定施工方案、进行施工组织。通过创建各种模型，可以在电脑中进行虚拟施工，使施工组织可视化。

（2）复杂构造节点可视化

复杂构造节点可视化即利用 BIM 的可视化特性可以将复杂的构造节点全方位呈现，如复杂的钢筋节点（图 1.3-1）、幕墙节点等。

3. 机电管线碰撞检查可视化

机电管线碰撞检查可视化即通过将各专业模型组装为一个整体 BIM 模型，从而使机电管线与建筑物的碰撞点以三维方式直观显示出来。在传统的施工方法中，对管线碰撞检查的方式主要有两种：一是把不同专业的 CAD 图纸叠在一张图上进行观察，根据施工经验和空间想象力找出碰撞点并加以修改；二是在施工的过程中边做边修改。这两种方法均费时费力，效率很低。但在 BIM 模型中，可以提前在真实的三维空间中找出碰撞点，并由各专业人员在模型中调整好碰撞点。

图 1.3-1 复杂构造节点可视化图

1.3.2 一体化

一体化指的是基于 BIM 技术可进行从设计到施工再到运营贯穿了工程项目的全生命周期的一体化管理。BIM 的技术核心是一个由计算机三维模型所形成的数据库，不仅包含了建筑师的设计信息，而且可以容纳从设计到建成使用，甚至是使用周期终结的全过程信息。BIM 可以持续提供项目设计范围、进度以及成本信息，这些信息完整可靠并且完全协调。BIM 能在综合数字环境中保持信息不断更新并可提供访问，使建筑师、工程师、施工人员以及业主可以清楚全面地了解项目。这些信息在建筑设计、施工和管理的过程中能使项目质量提高，收益增加。BIM 的应用不仅仅局限于设计阶段，而是贯穿于整个项目全生命周期的各个阶段。BIM 在整个建筑行业从上游到下游的各个企业间不断完善，从而实现项目全生命周期的信息化管理，最大化地实现 BIM 的意义。

在设计阶段，BIM 使建筑、结构、给水排水、空调、电气等各个专业基于同一个模型进行工作，从而使真正意义上的三维集成协同设计成为可能。将整个设计整合到一个共享的建筑信息模型中，结构与设备、设备与设备间的冲突会直观地显现出来，工程师们可在三维模型中随意查看，并能准确查看到可能存在问题的地方，并及时调整，从而极大地避免了施工中的浪费。这在极大程度上促进设计施工的一体化过程。在施工阶段，BIM 可以同步提供有关建筑质量、进度以及成本的信息。利用 BIM 可以实现整个施工周期的可视化模拟与可视化管理。帮助施工人员促进建筑的量化，迅速为业主制定展示场地使用情况或更新调整情况的规划，提高文档质量，改善施工规划。最终结果就是能将业主更多的施工资金投入到建筑，而不是行政和管理中。此外，因 BIM 还能在运营管理阶段提高收益和成本管理水平，为开发商销售招商和业主购房提供了极大的透明和便利。BIM 这场信息革命，对于工程建设设计施工一体化各个环节，必将产生深远的影响。这项技术已经可以清楚地表明其在协调方面的设计，缩短设计与施工时间表，显著降低成本，改善工作场所安全和可持续的建筑项目所带来的整体利益。

1.3.3 参数化

参数化建模指的是通过参数（变量）而不是数字建立和分析模型，简单地改变模型中的参数值就能建立和分析新的模型（图 1.3-2）。

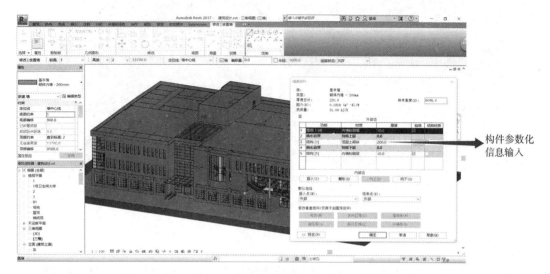

图 1.3-2 参数化建模

BIM 的参数化设计分为两个部分："参数化图元"和"参数化修改引擎"。"参数化图元"指的是 BIM 中的图元是以构件的形式出现，这些构件之间的不同，是通过参数的调整反映出来的，参数保存了图元作为数字化建筑构件的所有信息；"参数化修改引擎"指的是参数更改技术使用户对建筑设计或文档部分作的任何改动，都可以自动地在其他相关联的部分反映出来。在参数化设计系统中，设计人员根据工程关系和几何关系来指定设计要求。参数化设计的本质是在可变参数的作用下，系统能够自动维护所有的不变参数。因此，参数化模型中建立的各种约束关系，正是体现了设计人员的设计意图。参数化设计可以大大提高模型的生成和修改速度。

1.3.4 仿真性

1. 建筑物性能分析仿真

建筑物性能分析仿真即基于 BIM 技术建筑师在设计过程中赋予所创建的虚拟建筑模型大量建筑信息（几何信息、材料性能、构件属性等），然后将 BIM 模型导入相关性能分析软件，就可得到相应分析结果。这一性能使得原本 CAD 时代需要专业人士花费大量时间输入大量专业数据的过程，如今可自动轻松完成，从而大大降低了工作周期，提高了设计质量，优化了为业主的服务。

性能分析主要包括能耗分析、日照分析、采光分析等（图 1.3-3~ 图 1.3-5）。

图 1.3-3　能耗分析

图 1.3-4　日照分析

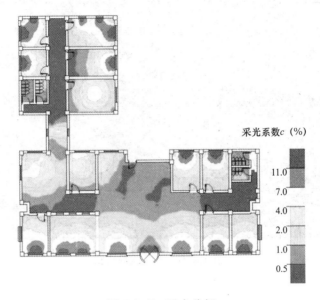

图 1.3-5　采光分析

2. 运维仿真

（1）设备的运行监控

设备的运行监控即采用 BIM 技术实现对建筑物设备的搜索、定位、信息查询等功能。在运维 BIM 模型中，通过对设备信息集成的前提下，运用计算机对 BIM 模型中的设备进行操作，可以快速查询设备的所有信息，如生产厂商、使用寿命期限、联系方式、运行维护情况以及设备所在位置等。通过对设备运行周期的预警管理，可以有效地防止事故的发生，利用终端设备和二维码、RFID 技术，迅速对发生故障的设备进行检修。

（2）能源运行管理

能源、运行管理即通过 BIM 模型对租户的能源使用情况进行监控与管理，赋予每个能源使用记录表以传感功能，在管理系统中及时做好信息的收集处理，通过能源管理系统对能源消耗情况自动进行统计分析，并且可以对异常使用情况进行警告。

（3）建筑空间管理

以建筑租赁运行维护管理为例，建筑空间管理即基于 BIM 技术业主通过三维可视化直观地查询定位到每个租户的空间位置以及租户的信息,如租户名称、建筑面积、租约区间、租金情况、物业管理情况;还可以实现租户的各种信息的提醒功能,同时根据租户信息的变化,实现对数据及时调整和更新。

(4)应急管理

通过 BIM 技术的运维管理对突发事件管理包括预防、警报和处理。以消防事件为例,该管理系统可以通过喷淋感应器感应信息;如果发生着火事故,在商业广场的 BIM 信息模型界面中,就会自动触发火警警报;着火区域的三维位置和房间立即进行定位显示;控制中心可以及时查询相应的周围环境和设备情况,为及时疏散人群(图 1.3-6)和处理灾情提供重要信息。

图 1.3-6　人流疏散模拟

1.3.5　可出图性

BIM 并不是为了出我们日常多见的建筑设计院所出的建筑设计图纸,及一些构件加工的图纸。而是通过对建筑物进行了可视化展示、协调、模拟、优化以后,可以帮助业主出如下图纸:综合管线图(经过碰撞检查和设计修改,消除了相应错误以后)、综合结构留洞图(预埋套管图)、碰撞检查侦错报告和建议改进方案。

1.3.6　信息完备性

信息完备性体现在 BIM 技术可对工程对象进行 3D 几何信息和拓扑关系的描述以及完整的工程信息描述,如对象名称、结构类型、建筑材料、工程性能等设计信息;施工工序、族、进度、成本、质量以及人力、机械、材料资源等施工信息;工程安全性能、材料耐久性能等维护信息;对象之间的工程逻辑关系等。

1.4 BIM 的价值与应用

1.4.1 BIM 在方案策划的价值与应用

方案策划指的是在确定建设意图之后，项目管理者需要通过收集各项门类资料，对各类情况进行调查，研究项目的组织、管理、经济和技术等，进而得出科学、合理的项目方案，为项目建设指明正确的方向和目标。

在方案策划阶段，信息是否准确、信息量是否充足成为管理者能否做出正确决策的关键。BIM 技术的引入，使方案阶段所遇到的问题得到了有效的解决。其在方案策划阶段的应用内容主要包括：现状建模、成本核算、场地分析和总体规划。

1. 现状建模

利用 BIM 技术可为管理者提供概要的现状模型（图 1.4-1），以方便建设项目方案的分析、模拟，从而为整个项目的建设降低成本、缩短工期并提高质量。例如在对周边环境进行建模（包括周边道路、已建和规划的建筑物、园林景观等）之后，将项目的概要模型放入环境模型中，以便于对项目进行场地分析和性能分析等工作。

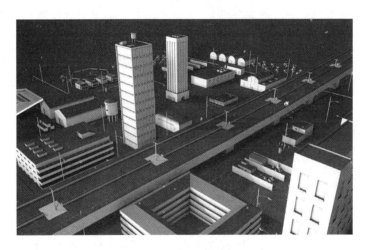

图 1.4-1 现状模型

2. 成本核算

项目成本核算是通过一定的方式方法对项目施工过程中发生的各种费用成本进行逐一统计考核的一种科学管理活动。目前，市场上主流的工程量计算软件在逼真性及效率方面还存在一些不足，如用户需要将施工蓝图通过数据形式重新输入计算机，相当于人工在计算机上重新绘制一遍工程图纸。这种做法不仅增加了前期工作量，而且没有共享设计过程中的产品设计信息。利用 BIM 技术提供的参数更改技术能够将针对建筑设计或文档任何部分所做的更改自动反映到其他位置，从而可以帮助工程师们提高工作效率、协同效率以及工作质量。BIM 技术具有强大的信息集成能力和三维可视化图形展示能力，利用 BIM 技术建立起的三维模型可以极尽全面地加入工程建设的所有信息。根据模型能够自动生成符合国家工程量清单计价规范标准的工程量清单及报表，快速统计和查询各专业工程量，对材料计划、使用做精细化控制，避免材料浪费。如利用 BIM 信息化特征可以准确提取整个项目中防火门数量、样式，材料的安装日期，出厂型号，尺寸大小等，甚至可以统计防火门的把手等细节。同时，基于 BIM 技术生成的工程量不是简单的长度和面积的统计，专业的 BIM 造价软件可以进行精确的 3D 布尔运算和实体减扣，从而获得更符合实际的工程量数据，并且可以自动形成电子文档进行交换、共享、远程传递和永久存档。准确率和速度上都较传统统计方法有很大的提高，有效降低了造价工程师的工作强度，提高了工作效率。

3. 场地分析

场地分析是对建筑物的定位，建筑物的空间方位及外观，建筑物和周边环境的关系，建筑物将来的车流、物流、人流等各方面的因素进行集成数据分析的综合。在方案策划阶段，景观规划、环境现状、施工配套及建成后交通流量等与场地的地貌、植被、气候条件等因素关系较大，传统的场地分析存在诸如定量分析不足、主观因素过重、无法处理大量数据信息等弊端，通过 BIM 结合 GIS 进行场地分析模拟，得出较好的分析数据，能够为设计单位后期设计提供最理想的场地规划、交通流线组织关系、建筑布局等关键决策。

4. 优化总体规划

通过 BIM 建立模型能够更好的对项目做出总体规划，并得出大量的直观数据作为方案决策的支撑。例如，在可行性研究阶段，管理者需要确定出建设项目方案在满足类型、质量、功能等要求下是否具有技术与经济可行性，而 BIM 能够帮助提高技术经济可行性论证结果的准确性和可靠性。通过对项目与周边环境的关系、朝向可视度、形体、色彩、经济指标等进行分析对比、化解功能与投资之间的矛盾，使策划方案更加合理，为下一步的方案与设计提供直观、带有数据支撑的依据。

1.4.2 BIM 在设计阶段的价值与应用

建设项目的设计阶段是整个生命周期内最为重要的环节，它直接影响着建安成本以及运维成本，对工程质量、工程投资、工程进度，以及建成后的使用效果、经济效益等方面都有着直接的联系。设计阶段可分为方案阶段、初步设计阶段、施工图设计阶段这三个阶段。从初步设计、扩初设计到施工图的设计是一个变化的过程，是建设产品从粗糙到细致的过程，在这个进程中需要对设计进行必要的管理，从性能、质量、功能、成本到设计标准、规程，都需要去管控。

BIM 技术在设计阶段的应用主要体现在以下方面：

1. 可视化设计交流

可视化设计交流，是指采用直观的 3D 图形或图像，在设计、业主、政府审批、咨询专家、施工等项目参与方之间，针对设计意图或设计成果进行更有效的沟通，从而使设计人员充分理解业主的建设意图，使设计结果最贴近业主的建设需求，最终使业主能及时看到他们所希望的设计成果，使审批方能清晰地认知他们所审批的设计是否满足审批要求。可视化设计交流贯穿于整个设计过程中，典型的应用包括三维设计与效果图及动态展示。

2. 设计分析

设计分析是初步设计阶段主要的工作内容。一般情况下，当初步设计展开之后，每个专业都有各自的设计分析工作，设计分析主要包括结构分析、能耗分析、光照分析、安全疏散分析等。这些设计分析是体现设计在工程安全、节能、节约造价、可实施性方面重要作用的工作过程。在BIM概念出现之前，设计分析就是设计的重要工作之一，BIM的出现使得设计分析更加准确、快捷与全面，例如针对大型公共设施的安全疏散分析，就是在BIM概念出现之后逐步被设计方采用的设计分析内容。

（1）结构分析

最早使用计算机进行的结构分析包括三个步骤，分别是前处理、内力分析、后处理。其中，前处理是通过人机交互式输入结构简图、荷载、材料参数以及其他结构分析参数的过程，也是整个结构分析中的关键步骤，所以该过程也是比较耗费设计时间的过程；内力分析过程是结构分析软件的自动执行过程，其性能取决于软件和硬件，内力分析过程的结果是结构构件在不同工况下的位移和内力值；后处理过程是将内力值与材料的抗力值进行对比产生安全提示，或者按照相应的设计规范计算出满足内力承载能力要求的钢筋配置数据，这个过程人工干预程度也较低，主要由软件自动执行。在BIM模型支持下，结构分析的前处理过程也实现了自动化；BIM软件可以自动将真实的构件关联关系简化成结构分析所需的简化关联关系，能依据构件的属性自动区分结构构件和非结构构件，并将非结构构件转化成加载于结构构件上的荷载，从而实现了结构分析前处理的自动化。

（2）节能分析

节能设计通过两个途径实现节能目的：一个途径是改善建筑围护结构保温和隔热性能，降低室内外空间的能量交换效率；另一个途径是提高暖通、照明、机电设备及其系统的能效，有效地降低暖通空调、照明以及其他机电设备的总能耗。

建设项目的景观可视度、日照、风环境、热环境、声环境等性能指标在开发前期就已经基本确定，但是由于缺少合适的技术手段，一般项目很难有时间和费用对上述各种性能、指标进行多方案分析模拟，BIM技术为建筑性能分析的普及应用提供了可能性。基于BIM的建筑性能分析包含室外风环境模拟、自然采光模拟、室内自然通风模拟、小区热环境模拟分析和建筑环境噪声模拟分析。

（3）安全疏散分析

在大型公共建筑设计过程中，室内人员的安全疏散时间是防火设计的一项重要指标。室内人员的安全疏散时间受室内人员数量、密度、人员年龄结构、疏散通道宽度等多方面的影响，简单的计算方法已不能满足现代建筑设计的安全要求，需要通过安全疏散模拟。基于人的行为模拟疏散过程中人员疏散过程，统计疏散时间，这个模拟过程需要数字化的真实空间环境支持，BIM模型为安全疏散计算和模拟提供了支持，这种应用已在许多大型项目上得到了应用。

3. 协同设计与冲突检查

在传统的设计项目中，各专业设计人员分别负责其专业内的设计工作，设计项目一般通过专业协调会议以及相互提交设计资料实现专业设计之间的协调。在许多工程项目中，专业之间因协调不足出现冲突是非常突出的问题。这种协调不足造成了在施工过程中冲突不断、变更不断的常见现象。

BIM为工程设计的专业协调提供了两种途径：一种是在设计过程中通过有效的、适时的专业间协同工作避免产生大量的专业冲突问题，即协同设计；另一种是通过对 3D 模型的冲突进行检查，查找并修改，即冲突检查。至今，冲突检查已成为人们认识 BIM 价值的代名词，实践证明，BIM 的冲突检查已取得良好的效果。

（1）协同设计

传统意义上的协同设计很大程度上是指基于网络的一种设计沟通交流手段，以及设计流程的组织管理形式。包括：通过 CAD 文件、视频会议、通过建立网络资源库、借助网络管理软件等。

基于 BIM 技术的协同设计是指建立统一的设计标准，包括图层、颜色、线型、打印样式等，在此基础上，所有设计专业及人员在一个统一的平台上进行设计，从而减少现行各专业之间（以及专业内部）由于沟通不畅或沟通不及时导致的错、漏、碰、缺，真正实现所有图纸信息元的单一性，实现一处修改其他自动修改．提升设计效率和设计质量。协同设计工作是以一种协作的方式，使成本可以降低，可以更快地完成设计，同时也对设计项目的规范化管理起到重要作用。

协同设计由流程、协作和管理三类模块构成。设计、校审和管理等不同角色人员利用该平台中的相关功能实现各自工作。

（2）碰撞检测

二维图纸不能用于空间表达，使得图纸中存在许多意想不到的碰撞盲区。并且，目前的设计方式多为"隔断式"设计，各专业分工作业，依赖人工协调项目内容和分段，这也导致设计往往存在专业间碰撞。同时，在机电设备和管道线路的安装方面还存在软碰撞的问题（即实际设备、管线间不存在实际的碰撞，但在安装方面会造成安装人员、机具不能到达安装位置的问题）。

基于 BIM 技术可将两个不同专业的模型集成为两个模型，通过软件提供的空间冲突检查功能查找两个专业构件之间的空间冲突可疑点，软件可以在发现可疑点时向操作者报警，经人工确认该冲突。冲突检查一般从初步设计后期开始进行，随着设计的进展，反复进行"冲突检查→确认修改→更新模型"的 BIM 设计过程，直到所有冲突都被检查出来并修正，最后一次检查所发现的冲突数为零，则表示设计已达到 100% 的协调。一般情况下，由于不同专业是分别设计、分别建模的，任何两个专业之间都可能产生冲突，因此冲突检查的工作将覆盖任何两个专业之间的冲突关系，如：①建筑与结构专业，标高、剪力墙、柱等位置不一致，或梁与门冲突；②结构与设备专业，设备管道与梁柱冲突；③设备内部各专业，各专业与管线冲突；④设备与室内装修，管线末端与室内吊顶冲突。冲突检查过程是需要计划与组织管理的过程，冲突检查人员也被称作"BIM 协调工程师"，他们将负责对检查结果进行记录、提交、跟踪提醒与覆盖确认。

4. 设计阶段造价控制

设计阶段是控制造价的关键阶段，在方案设计阶段，设计活动对工程造价影响较大。理论上，我国建设项目在设计阶段的造价控制主要是方案设计阶段的设计估算和初步设计阶段的设计概算，而实际上大量的工程并不重视估算和概算，而将造价控制的重点放在施工阶段，错失了造价控制的有利时机。基于 BIM 模型使进行设计过程的造价控制具有较高的可实施性。由于 BIM 模型中不仅包括建筑空间和建筑构件的几何信息，还包括构件的材料属性，可以将这些信息传递到专业化的工程量统计软件中，由工程量统计软件自动产生符合相应规则的构件工程量。这一过程基于对 BIM 模型的充分利用，避免了在工程量统计软件中为计算工程量而专门建模的工作，可以及时反映与设计对应的工程造价水平，为限额设计和价值工程在优化设计上的应用提供了必要的基础，使适时的造价控制成为可能。

5. 施工图生成

设计成果中最重要的表现形式就是施工图，它是含有大量技术标注的图纸，在建筑工程的施工方法仍然以人工操作为主的技术条件下，2D 施工图有其不可替代的作用，但是传统的 CAD 方式存在的不足也是非常明显的：当产生了施工图之后，如果工程的某个局部发生设计更新，则会同时影响与该局部相关的多张图纸，如一个柱子的断面尺寸发生变化，则含有该柱的结构平面布置图、柱配筋图、建筑平面图、建筑详图等都需要再次修改，这种问题在一定程度上影响了设计质量的提高。

BIM 模型是完整描述建筑空间与构件的 3D 模型，基于 BIM 模型自动生成 2D 图纸是一种理想的 2D 图纸产出方法。理论上，基于唯一的 BIM 模型数据源，任何对工程设计的实质性修改都将反映在 BIM 模型中，软件可以依据 3D 模型的修改信息自动更新所有与该修改相关的 2D 图纸，由 3D 模型到 2D 图纸的自动更新将为设计人员节省大量的图纸修改时间。

1.4.3　BIM 在招投标阶段的价值与应用

BIM 技术的推广与应用，极大地促进了招标投标管理的精细化程度和管理水平。在招标投标过程中，招标方根据 BIM 模型可以编制准确的工程量清单，达到清单完整、快速算量、精确算量，有效地避免漏项和错算等情况，最大限度地减少施工阶段因工程量问题而引起的纠纷。投标方根据 BIM 模型快速获取正确的工程量信息，与招标文件的工程量清单比较，可以制定更好的投标策略。

1. BIM 在招标控制中的应用

在招标控制环节，准确和全面的工程量清单是核心关键。而工程量计算是招标投标阶段耗费时间和精力最多的重要工作。而 BIM 是一个富含工程信息的数据库，可以真实地提供工程量计算所需要的物理和空间信息。借助这些信息，计算机可以快速对各种构件进行统计分析，从而大大减少根据图纸统计工程量带来的繁琐的人工操作和潜在错误，在效率和准确性上得到显著提高。

2. BIM 在投标过程中的应用

首先是基于 BIM 的施工方案模拟。基于 BIM 模型，对施工组织设计方案进行论证，就施工中的重要环节进行可视化模拟分析，按时间进度进行施工安装方案的模拟和优化。对于一些重要的施工环节或采用新施工工艺的关键部位、施工现场平面布置等施工指导措施进行模拟和分析，以提高计划的可行性。在投标过程中，通过对施工方案的模拟，直观、形象地展示给甲方。

其次是基于 BIM 的 4D 进度模拟。通过将 BIM 与施工进度计划相链接，将空间信息与时间信息整合在一个可视的 4D 模型中，可以直观、精确地反映整个建筑的施工过程和虚拟形象进度。借助 4D 模型，施工企业在工程项目投标中将获得竞标优势，BIM 可以让业主直观地了解投标单位对投标项目主要施工的控制方法、施工安排是否均衡、总体计划是否基本合理等，从而对投标单位的施工经验和实力做出有效评估。

再次是基于 BIM 的资源优化与资金计划。利用 BIM 可以方便、快捷地进行施工进度模拟、资源优化，以及预计产值和编制资金计划。通过进度计划与模型的关联，以及造价数据与进度关联，可以实现不同维度（空间、时间、流水段）的造价管理与分析。通过对 BIM 模型的流水段划分，可以自动关联并快速计算出资源需用量计划，不但有助于投标单位制订合理的施工方案，还能形象地展示给甲方。

总之，利用 BIM 技术可以提高招标投标的质量和效率，有力地保障工程量清单的全面和精确，促进投标报价的科学、合理，加强招标投标管理的精细化水平，减少风险，进一步促进招标投标市场的规范化、市场化、标准化的发展。

1.4.4　BIM 在施工阶段的价值与应用

施工阶段是实施贯彻设计意图的过程，是在确保工程各项目标的前提下，建设工程的重要环节，也是周期最长的环节。这阶段的工作任务是如何保质保量按期地完成建设任务。

BIM 技术在施工阶段具体应用主要体现在以下几方面：

1. 预制加工管理

BIM 技术在预制加工管理方面的应用主要体现在钢筋准确下料、构建信息查询及出具构件加工详图上，具体内容如下：

（1）钢筋准确下料

在以往工程中，由于工作面大、现场工人多，工程交底困难而导致的质量问题非常常见，而通过 BIM 技术能够优化断料组合加工表，将损耗减至最低。某工程通过建立钢筋 BIM 模型，出具钢筋排列图进行钢筋准确下料。

（2）构件详细信息查询

检查和验收信息将被完整地保存在 BIM 模型中，相关单位可以快捷地对任意构件进行信息查询和统计分析，在保证施工质量的同时，能使质量信息在运维期有据可循（图 1.4-2）。

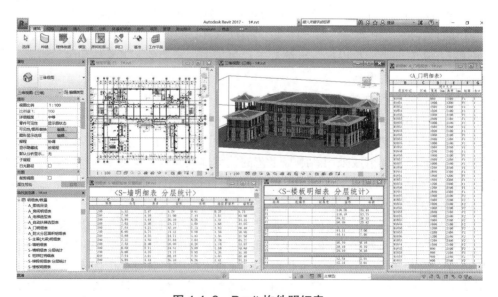

图 1.4-2　Revit 构件明细表

2. 施工过程管理

结合施工方案、施工模拟和现场视频监测进行基于 BIM 技术的虚拟施工，可以根据可视化效果看到并了解施工的过程和结果，可以较大程度地降低返工成本和管理成本，降低风险并增强管理者对施工过程的控制能力。

BIM 在虚拟施工管理中的应用主要有场地布置方案、专项施工方案、关键工艺展示、施工模拟（土建主体及钢结构部分）、装修效果模拟等，下面将分别对其详细介绍。

（1）场地布置方案

基于建立的 BIM 三维模型及搭建的各种临时设施，可以对施工场地进行布置，合理安排塔吊、库房、加工厂地和生活区等的位置，解决现场施工场地平面布置问题，解决现场场地划分问题（图 1.4-3）；通过与业主的可视化沟通协调，对施工场地进行优化，选择最优施工路线。

图 1.4-3　三维场地布置

（2）专项施工方案

通过 BIM 技术指导编制专项施工方案，可以直观地对复杂工序进行分析，将复杂部位简单化、透明化，提前模拟方案编制后的现场施工状态，对现场可能存在的危险源、安全隐患、消防隐患等提前排查，对专项方案的施工工序进行合理排布，有利于方案的专项性、合理性。

（3）施工模拟

根据拟定的最优施工现场布置和最优施工方案，将由项目管理软件，如 Project 编制而成的施工进度计划与施工现场 3D 模型集成一体，引入时间维度，能够完成对工程主体结构施工过程的 4D 施工模拟。通过 4D 施工模拟，可以使设备材料进场、劳动力配置、机械排班等各项工作安排的更加经济合理，从而加强了对施工进度、施工质量的控制。针对主体结构施工过程，利用已完成的 BIM 模型进行动态施工方案模拟，展示重要施工环节动画，对比分析不同施工方案的可行性，能够对施工方案进行分析，并听从甲方指令对施工方案进行动态调整。

（4）BIM 建筑施工优化系统

BIM 建筑施工优化系统应用主要体现在以下方面：

① 基于 BIM 和离散事件模拟的施工优化通过对各项工序的模拟计算，得出工序、工期、人力、机械、场地等资源的占用情况，对施工工期、资源配置以及场地布置进行优化，实现多个施工方案的比选。

② 基于过程优化的 5D 施工过程模拟将 5D 施工管理与施工优化进行数据集成，实现了基于过程优化的 5D 施工可视化模拟（图 1.4-4）。

③ 采用无线移动终端、WED 及 RFID 等技术，全过程与 BIM 模型集成，实现数据库化、可视化管理，避免任何一个环节出现问题给施工和进度质量带来影响。

图 1.4-4 BIM 5D 施工模拟

（5）预算工程量动态查询与统计

基于 BIM 技术，模型可直接生成所需材料的名称、数量和尺寸等信息，而且这些信息将始终与设计保持一致，在设计出现变更时，该变更将自动反映到所有相关的材料明细表中，造成预算工程量动态查询与统计价工程师使用的所有构件信息也会随之变化。在基本信息模型的基础上增加工程预算信息，即形成了具有资源和成本信息的预算信息模型。

系统根据计划进度和实际进度信息，可以动态计算任意 WBS 节点任意时间段内每日计划工程量、计划工程量累计、每日实际工程量、实际工程量累计，帮助施工管理者实时掌握工程量的计划完工和实际完工情况。在分期结算过程中，每期实际工程量累计数据是结算的重要参考，系统动态计算实际工程量可以为施工阶段工程款结算提供数据支持。

3. 竣工交付管理

竣工验收与移交是建设阶段的最后一道工序，目前在竣工阶段主要存在着以下问题：一是验收人员仅仅从质量方面进行验收，对使用功能方面的验收关注不够；二是验收过程中对整体项目的把控力度不大，譬如整体管线的排布是否满足设计、施工规范要求，是否美观，是否便于后期检修等，缺少直观的依据；三是竣工图纸难以反映现场的实际情况，给后期运维管理带来各种不可预见性，增加运营维护管理难度。

在竣工结算阶段，对于设计变更，传统的办法是从项目开始对所有的变更等依据时间顺序进行编号成表，各专业修改做好相关记录。它的缺陷在于：①无法快速、形象的知道每一张变更单究竟修改了工程项目对应的哪些部位；②结算工程量是否包含设计变更只是依据表格记录，复核费时间；③结算审计往往要随身携带大量的资料。

BIM 的出现将改变以上传统方法的困难和弊端，每一份变更的出现可依据变更修改BIM 模型而持有相关记录，并且将技术核定单等原始资料"电子化"，将资料与 BIM 模型有机关联，通过 BIM 系统，工程项目变更的位置一览无余，各变更单位置对应的原始技术资料随时从云端调取，查阅资料，对照模型三维尺寸、属性等。在某项目集成于 BIM系统的含变更的结算模型中，BIM 模型高亮显示部位就是变更位置，结算人员只需要单击高亮位置，相应的变更原始资料即可以调阅。

BIM 在竣工阶段的应用除工程数量核对以外，还主要包括以下方面：

（1）验收人员根据设计、施工阶段的模型，直观、可视化地掌握整个工程的情况，包括建筑、结构、水、暖、电等各专业的设计情况，既有利于对使用功能、整体质量进行把关，同时又可以对局部进行细致的检查验收。

（2）验收过程可以借助 BIM 模型对现场实际施工情况进行校核，譬如管线位置是否满足要求、是否有利于后期检修等。

（3）通过竣工模型的搭建，可以将建设项目的设计、经济、管理等信息融合到一个模型中，便于后期的运维管理单位使用，更好、更快地检索到建设项目的各类信息，为运维管理提供有力保障。

1.4.5　BIM 在运营维护阶段的价值与应用

目前，传统的运营管理阶段存在的问题主要有：一是目前竣工图纸、材料设备信息、合同信息、管理信息分离，设备信息往往以不同格式和形式存在于不同位置，信息的凌乱造成运营管理的难度；二是设备管理维护没有科学的计划性，仅仅是根据经验不定期进行维护保养，难以避免设备故障的发生带来的损失，处于被动式地管理维护；三是资产运营缺少合理的工具支撑，没有对资产进行统筹管理统计，造成很多资产的闲置浪费。

BIM 技术可以保证建筑产品的信息创建便捷、信息存储高效、信息错误率低、信息传递过程高精度等，解决传统运营管理过程中最严重的两大问题：数据之间的"信息孤岛"和运营阶段与前期的"信息断流"问题，整合设计阶段和施工阶段的关联基础数据，形成完整的信息数据库，能够方便运维信息的管理、修改、查询和调用，同时结合可视化技术，使得项目的运维管理更具操作性和可控性。

1. BIM 在运维阶段应用的价值

（1）数据存储借鉴

利用 BIM 模型，提供信息和模型的结合。不仅将运维前期的建筑信息传递到运维阶段，更保证了运维阶段新数据的存储和运转。BIM 模型所储存的建筑物信息，不仅包含建筑物的几何信息，还包含大量的建筑性能信息。

（2）设备维护高效

利用 BIM 模型可以储存并同步建筑物设备信息，在设备管理子系统中，有设备的档案资料，可以了解各设备可使用年限和性能；设备运行记录，了解设备已运行时间和运行状态；设备故障记录，对故障设备进行及时的处理并将故障信息进行记录借鉴；设备维护维修，确定故障设备的及时反馈以及设备的巡视。同时还可利用 BIM 可视化技术对建筑设施设备进行定点查询，直观地了解项目的全部信息。

（3）物流信息丰富

采用 BIM 模型的空间规划和物资管理系统，可以随时获取最新的 3D 设计数据，以帮助协同作业。在数字空间进行模拟现实的物流情况，显著提升庞大物流管理的直观性和可靠性，使服务者了解庞大的物流管理活动，有效降低了服务者进行物流管理时的操作难度。

（4）数据关联同步

BIM 模型的关联性构建和自动化统计特性，对维护运营管理信息的一致性和数据统计的便捷化作出了贡献。

2. 运维管理的应用范畴

（1）空间管理

空间管理主要是满足组织在空间方面的各种分析及管理需求，更好地响应组织内各部门对于空间分配的请求及高效处理日常相关事务，计算空间相关成本，执行成本分摊等内部核算，增强企业各部门控制非经营性成本的意识，提高企业收益。

（2）资产管理

资产管理是运用信息化技术增强资产监管力度，降低资产的闲置浪费，减少和避免资产流失，使业主在资产管理上更加全面规范，从整体上提高业主资产管理水平。

（3）维护管理

建立设施设备基本信息库与台账，定义设施设备保养周期等属性信息，建立设施设备维护计划；对设施设备运行状态进行巡检管理并生成运行记录、故障记录等信息，根据生成的保养计划自动提示到期需保养的设施设备；对出现故障的设备从维修申请，到派工、维修、完工验收等实现过程化管理。

（4）公共安全管理

公共安全管理包括应对火灾、非法侵入、自然灾害、重大安全事故和公共卫生事故等危害人们生命财产安全的各种突发事件，建立起应急及长效的技术防范保障体系。基于 BIM 技术可存储大量具有空间性质的应急管理所需要数据，可以协助应急响应人员定位和识别潜在的突发事件，并且通过图形界面准确确定其危险发生的位置。并且 BIM 模型中的空间信息也可以用于识别疏散线路和环境危险之间的隐藏关系，从而降低应急决策制定的不确定性。另外，BIM 也可以作为一个模拟工具，来评估突发事件导致的损失，并且对响应计划进行讨论和测试。

（5）能耗管理

对于业主，有效地进行能源的运行管理是业主在运营管理中提高收益的一个主要方面。基于该系统通过 BIM 模型可以更方便地对租户的能源使用情况进行监控与管理，赋予每个能源使用记录表以传感功能，在管理系统中及时做好信息的收集处理，通过能源管理系统对能源消耗情况自动进行统计分析，并且可以对异常使用情况进行警告。

第二章　BIM 软件基础

本章主要对 BIM 应用相关软件做出全面系统地介绍。首先对 BIM 应用软件进行了概括性的阐述，对 BIM 软件的发展、分类、基础建模软件和相关软件应用做出具体的介绍。接下来，具体对 BIM 常用软件 Revit 建模软件的发展、参数化应用、优势和特点进行了简单说明。最后对 Revit 软件的启动、界面、术语、格式等内容做出逐一说明。

2.1　BIM 软件概述

2.1.1　BIM 软件的发展

1. 发展的起点

BIM 软件的发展离不开计算机辅助建筑设计（Computer-Aided Architectural Design, CAAD）软件的发展。1958 年，美国的埃勒贝建筑师联合事务所（Ellerbe Associates）使用了一台 Bendix Gl5 的电子计算机，进行了将电子计算机运用于建筑设计的首次尝试。1960 年，美国麻省理工学院的博士研究生伊凡·萨瑟兰（Ivan Sutherland）发表了他的博士学位论文《Sketchpad：一个人机通信的图形系统》，并在计算机的图形终端上实现了用光笔绘制、修改图形和图形的缩放。这项工作被公认为计算机图形学方面的开创性工作，也为以后计算机辅助设计技术的发展奠定了理论基础。

2. 20 世纪 60 年代

20 世纪 60 年代是信息技术应用在建筑设计领域的起步阶段。当时比较有名的 CAAD 系统首推 Souder 和 Clark 研制的 Coplanner 系统，该系统可用于估算医院的交通问题，以改进医院的平面布局。当时的 CAAD 系统应用的计算机为大型机，体积庞大，图形显示以刷新式显示器为基础，绘图和数据库管理的软件比较原始，功能有限，价格也十分昂贵，应用者很少，整个建筑界仍然使用"趴图板"方式搞建筑设计。

3. 20 世纪 70 年代

随着 DEC 公司的 PDP 系列 16 位计算机问世，计算机的性能价格比大幅度提高，这大大推动了计算机辅助建筑设计的发展。美国波士顿出现了第一个商业化的 CAAD 系统——ARK-2，该系统运行在 PDPl5/20 计算机上，可以进行建筑方面的可行性研究、规划设计、平面图及施工图设计、技术指标及设计说明的编制等。这时出现的 CAAD 系统以专用型的系统为多，同时还有一些通用性的 CAD 系统，例如 COMPUTERVISION、CADAM 等，被用作计算机制图。

这一时期 CAAD 的图形技术还是以二维为主，用传统的平面图、立面图、剖面图来表达建筑设计，以图纸为媒介进行技术交流。

4. 20 世纪 80 年代

20 世纪 80 年代对信息技术发展影响最大的是个人计算机的出现，由于个人计算机的价格已经降到人们可以承受的程度，建筑师们将设计工作由大型机转移到个人计算机上。基于 16 位个人计算机开发的一系列设计软件系统就是在这样的环境下出现的，Auto CAD、MicroStation、ArchiCAD 等软件都是应用于 16 位微机上具有代表性的软件。

5. 20 世纪 90 年代

20 世纪 90 年代以来是计算机技术高速发展的年代，其特征技术包括：高速而且功能强大的 CPU 芯片、高质量的光栅图形显示器、海量存储器、因特网、多媒体、面向对象技术等。随着计算机技术的快速发展，计算机技术在建筑业得到了空前的发展和广泛的应用，开始涌现出大量的建筑类软件。随着建筑业的发展趋势以及项目各参与方对工程项目新的更高的需求增加，BIM 技术应用已然成为建筑行业发展的趋势，各种 BIM 应用软件随即应运而生。

2.1.2 BIM 软件分类

BIM 应用软件是指基于 BIM 技术的应用软件，亦即支持 BIM 技术应用的软件。一般来讲，它应该具备以下 4 个特征：面向对象、基于三维几何模型、包含其他信息和支持开放式标准。

伊士曼（Eastman）等将 BIM 应用软件按其功能分为三大类：BIM 环境软件、BIM 平台软件和 BIM 工具软件。在本书中，我们习惯将其分为 BIM 基础软件、BIM 工具软件和 BIM 平台软件。

1. BIM 基础软件

BIM 基础软件是指可用于建立能为多个 BIM 应用软件所使用的 BIM 数据的软件。例如，基于 BIM 技术的建筑设计软件可用于建立建筑设计 BIM 数据，且该数据能被用在基于 BIM 技术的能耗分析软件、日照分析软件等 BIM 应用软件中。除此以外，基于 BIM 技术的结构设计软件及设备设计（MEP）软件也包含在这一大类中。目前实际过程中使用的这类软件的例子，如美国 Autodesk 公司的 Revit 软件，其中包含了建筑设计软件、结构设计软件及 MEP 设计软件；匈牙利 Graphisoft 公司的 ArchiCAD 软件等。

2. BIM 工具软件

BIM 工具软件是指利用 BIM 基础软件提供的 BIM 数据，开展各种工作的应用软件。例如，利用建筑设计 BIM 数据，进行能耗分析的软件、进行日照分析的软件、生成二维图纸的软件等。目前实际过程中使用这类软件的例子，如美国 Autodesk 公司的 Ecotect 软件，中国的软件厂商开发的基于 BIM 技术的成本预算软件等。有的 BIM 基础软件除了提供用于建模的功能外，还提供了其他一些功能，所以本身也是 BIM 工具软件。例如上述 Revit 软件还提供了生成二维图纸等功能，所以它既是 BIM 基础软件，也是 BIM 工具软件。

3. BIM 平台软件

BIM 平台软件是指能对各类 BIM 基础软件及 BIM 工具软件产生的 BIM 数据进行有效的管理，以便支持建筑全生命期 BIM 数据共享应用的应用软件。该类软件一般为基于 Web 的应用软件，能够支持工程项目各参与方及各专业工作人员之间通过网络高效地共享信息。目前实际过程中使用这类软件的例子，如美国 Autodesk 公司 2012 年推出的 BIM360 软件。该软件作为 BIM 平台软件，包含一系列基于云的服务，支持基于 BIM 的模型协调和智能对象数据交换。中国国内现阶段开发的 BIM 平台类软件以各造价软件公司为主，其中包括广联达公司的 BIM 5D 与 BIM 浏览器，鲁班公司的 BIM 系统平台等。

2.1.3　BIM 基础建模软件

1. BIM 概念设计软件

BIM 概念设计软件用在设计初期，是在充分理解业主设计任务书和分析业主的具体要求及方案意图的基础上，将业主设计任务书里面基于数字的项目要求转化成基于几何形体的建筑方案，此方案用于业主和设计师之间的沟通和方案研究论证。论证后的成果可以转换到 BIM 核心建模软件里面进行设计深化，并继续验证所设计的方案能否满足业主的要求。目前主要的 BIM 概念软件有 SketchUp 等。

SketchUp 是诞生于 2000 年的 3D 设计软件，因其容易学习，操作简单而被誉为电子设计中的"铅笔"。它能够快速创建精确的 3D 建筑模型，为业主和设计师提供设计、施工验证和流线、角度分析，方便业主与设计师之间的交流协作（图 2.1-1）。

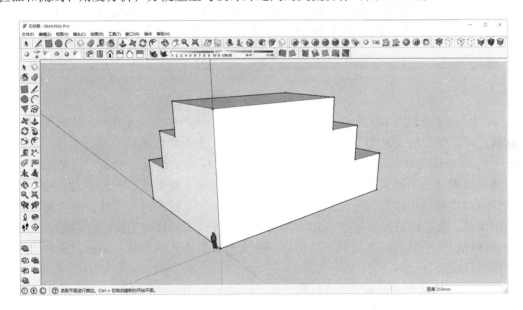

图 2.1-1　SketchUp 软件

2. BIM 核心建模软件

BIM 核心建模软件是 BIM 应用的基础，也是在 BIM 的应用过程中碰到的第一类 BIM 软件，简称"BIM 建模软件"。

（1）Autodesk 公司的 Revit 采用全面创新的 BIM 概念，可进行自由形状建模和参数化设计，并且还能够对早期设计进行分析（图 2.1-2）。借助这些功能可以自由地绘制草图，快速地创建三维形状，交互地处理各个形状。可以利用内置的工具进行复杂形状的概念澄清，为建造和施工准备模型。随着设计的持续推进，软件能够围绕最复杂的形状自动构建参数化框架，提供更高的创建控制能力、精确性和灵活性。从概念模型到施工文档的整个设计流程都在一个直观环境中完成。并且该软件还包含了绿色建筑可扩展标记语言模式，为能耗模拟、荷载分析等提供了工程分析工具，并且与结构分析软件 ROBOT、RISA 等具有互用性，与此同时，Revit 还能利用其他概念设计软件、建模软件（如 Sketch Up）等导出的 DXF 文件格式的模型或图纸输出为 BIM 模型。

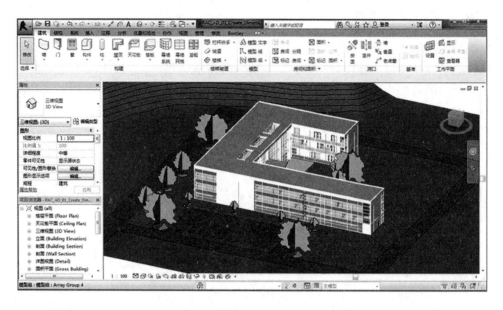

图 2.1-2　Revit 软件

（2）Bentley 公司的 Bentley Architecture 是集直觉式用户体验交互界面、概念及方案设计功能、灵活便捷的 2D/3D 工作流建模及制图工具、宽泛的数据组及标准组件库定制技术于一身的 BIM 建模软件，是 BIM 应用程序集成套件的一部分，可针对设施的整个生命周期提供设计、工程管理、分析、施工与运营之间的无缝集成。在设计过程中，不但能让建筑师直接使用许多国际或地区性的工程业界的规范标准进行工作，更能通过简单的自定义或扩充，以满足实际工作中不同的需求，让建筑师能拥有进行项目设计、文件管理及展现设计所需的所有工具。目前在一些大型复杂的建筑项目、基础设施和工业项目中应用广泛。

（3）ArchiCAD 是 GraphiSoft 公司的产品，其基于全三维的模型设计，拥有强大的平、立、剖面施工图设计，参数计算等自动生成功能，以及便捷的方案演示和图形渲染，为建筑师提供了一个无与伦比的"所见即所得"的图形设计工具。它的工作流程是集中的，其他软件同样可以参与虚拟建筑数据的创建和分析。ArchiCAD 拥有开放的架构并支持 IFC 标准，它可以轻松地与多种软件连接并协同工作。以 ArchiCAD 为基础的建筑方案可以广泛地利用虚拟建筑数据并覆盖建筑工作流程的各个方面。作为一个面向全球市场的产品，ArchiCAD 可以说是最早的一个具有市场影响力的 BIM 核心建模软件之一。

3. BIM 工具软件的选择

表 2.1-1 为 BIM 软件举例表，通过此表给大家介绍一下在工程各阶段，BIM 技术相关软件的应用与功能。

BIM 软件举例表　　　　　　　　　　　　　　　　　　表 2.1-1

BIM 核心建模	常见 BIM 工具软件	功　能
BIM 方案设计软件	Onuma Planning System、Affinity	把业主设计任务书里面基于数字的项目要求转化成基于几何形体的建筑方案
BIM 接口的几何造型软件	SketchUp、Rhino、ForrnZ	其成果可以作为 BIM 核心建模软件的输入
BIM 可持续（绿色）分析软件	Echotect、IES、Green Building Studio、PK-PM、斯维尔绿建	利用 BIM 模型的信息对项目进行日照风环境、热工、噪声等方面的分析
BIM 机电分析软件	Designmaster、IES、Virtual Environment、magicad	—
BIM 结构分析软件	ETABS、STAAD、ROBOT、PKPM	结构分析软件和 BIM 核心建模软件两者之间可以实现双向信息交换
BIM 可视化软件	3Ds Max、Artlanls、AccuRender、Light-scape	减少建模工作量、提高精度与设计（实物）的吻合度、可快速产生可视化效果
二维绘图软件	AutoCAD、MicroStation	配合现阶段 BIM 软件的直接输出还不能满足市场对施工图的要求
BIM 发布审核软件	Autodesk Design Review Adobe PDF、广联达审图软件	把 BIM 成果发布成静态的、轻型的等供参与方进行审核或利用
BIM 模型检查软件	Solibri Model Checker、广联达 BIM 浏览器	用来检查模型本身的质量和完整性
BIM 深化设计软件	Revit、Autodesk Navisworks、Bentley Pro-jectwise、Tekla、Solibri Model Checker	检查冲突与碰撞、模拟分析施工过程评估建造是否可行、优化施工进度、三维漫游等
BIM 造价管理软件	广联达、斯维尔、鲁班软件	利用 BIM 模型提供的信息进行工程量统计和造价分析
协同平台软件	Bentley Project Wise、BIM 5D	将项目全寿命周期中的所有信息进行集中、有效地管理，提升工作效率及生产力
BIM 运营管理软件	ArchiBUS	提高场所利用率，建立空间使用标准和基准，建立和谐的内部关系，减少纷争

2.1.4　BIM 软件应用

1. 招标投标阶段的 BIM 软件

（1）算量软件

招标投标阶段的 BIM 工具软件主要包括各个专业的算量软件。基于 BIM 技术的算量软件是在中国最早得到规模化应用的 BIM 应用软件，也是最成熟的 BIM 应用软件之一（表2.1-2）。

算量工作是招标投标阶段最重要的工作之一，对建筑工程建设的投资方及承包方均具有重大意义。在算量软件出现之前，预算员按照当地计价规则进行手工列项，并依据图纸进行工程量统计及计算，工作量很大。人们总结出分区域、分层、分段、分构件类型、分轴线号等多种统计方法，但工程量统计依然是效率低下的，并且容易发生错误。

基于 BIM 技术的算量软件能够自动按照各地工程量清单、定额规则，利用三维图形技术进行工程量自动统计、扣减计算，并进行报表统计，大幅度地提高了预算员的工作效率。

招标投标阶段的 BIM 软件 表 2.1-2

序 号	名 称	说 明	软件产品
1	土建算量软件	统计工程项目的混凝土、模板、砌体、门窗的建筑及结构部分的工程量	广联达土建算量 GCL 鲁班土建算量 LubanAR 斯维尔三维算量 THS-3DA 神机妙算算量
2	钢筋算量软件	由于钢筋算量的特殊性，钢筋算量一般单独统计。国内的钢筋算量软件普遍支持平法表达，能够快速建立钢筋模型	广联达土建算量 GCJ 鲁班钢筋算量 LubanST 斯维尔三维算量 THS-3DA 神机妙算算量钢筋模块等
3	安装算量软件	统计工程项目的机电工程量	广联达安装算量 GQI 鲁班安装算量 LubanMEP 斯维尔安装算量 THS-3DM 神机妙算算量安装版等
4	精装算量软件	统计工程项目室内装修，包括墙面、地面、顶板等装饰的精细计量	广联达精装算量 GDQ
5	钢构算量软件	统计钢结构部分的工程量	鲁班钢结构算量 YC 广联达钢结构算量

（2）造价软件

国内主流的造价类软件主要分为计价和算量两类软件。其中，计价类的软件主要有广联达、鲁班、斯维尔、神机妙算和品茗等公司的产品，由于计价类软件需要遵循各地的定额、规范，鲜有国外软件竞争。而国内算量软件大部分为基于自主开发平台，如广联达算量、斯维尔算量；有的基于 AutoCAD 平台，如鲁班算量、神机妙算算量。这些软件均基于三维技术，可以自动处理算量规则，但在与设计类软件及其他类软件的数据接口方面普遍处于起步阶段，大多数属于准 BIM 应用软件范畴。

2. 深化设计阶段的 BIM 软件

深化设计是在工程施工过程中，在设计院提供的施工图设计基础上进行详细设计以满足施工要求的设计活动。BIM 技术因为其直观形象的空间表达能力，能够很好地满足深化设计关注细部设计、精度要求高的特点，基于 BIM 技术的深化设计软件得到越来越多的应用，也是 BIM 技术应用最成功的领域之一。基于 BIM 技术的深化设计软件包括机电深化设计、钢结构深化设计、模板脚手架深化设计、幕墙深化设计、碰撞检查等软件。

（1）机电深化设计软件

机电深化设计是在机电施工图的基础上进行二次深化设计，包括安装节点详图、支吊架的设计、设备的基础图、预留孔图、预埋件位置和构造补充设计，以满足实际施工要求。

机电深化设计主要包括专业深化设计与建模、管线综合、多方案比较、设备机房深化设计、预留预埋设计、综合支吊架设计、设备参数复核计算等。

机电深化设计的难点在于复杂的空间关系，特别是在地下室、机房及周边的管线密集区域的处理尤其困难。传统的二维设计在处理这些问题时严重依赖与工程师的空间想象能力和经验，经常由于设计不到位、管线发生碰撞而导致施工返工，造成人力物力的浪费、工程质量的降低及工期的拖延。

机电深化设计软件见表 2.1-3。

机电深化设计软件

表 2.1-3

	软件名称	说　明
1	MagiCAD	基于 AutoCAD 及 Revit 双平台运行;MagiCAD 软件在专业性上很强，功能全面，提供了风系统、水系统、电气系统、电气回路、系统原理图设计、房间建模、舒适度及能耗分析、管道综合支吊架设计等模块，提供剖面、立面出图功能，并在系统中内置了超过 100 万个设备信息
2	Revit MEP	在 Revit 平台基础上开发；主要包含暖通风道及管道系统、电力照明、给水排水等专业。与 Revit 平台操作一致，并且与建筑专业 Revit Architecture 数据可以互联互通
3	AutoCAD MEP	在 AutoCAD 平台基础上开发；操作习惯与 CAD 保持一致，并提供剖面、立面出图功能
4	天正给水排水系统 T-WT 天正暖通系统 T-HVAC	基于 AutoCAD 平台研发；包含给排水及暖通两个专业，含管件设计、材料统计、负荷计算、水路、水利计算等功能

（2）钢结构深化设计软件

钢结构深化设计的目的主要体现在以下方面：

材料优化：通过深化设计计算杆件的实际应力比，对原设计截面进行改进，以降低结构的整体用钢量。

确保安全：通过深化设计对结构的整体安全性和重要节点的受力进行验算，确保所有的杆件和节点满足设计要求，确保结构使用安全。

构造优化：通过深化设计对杆件和节点进行构造的施工优化，使杆件和节点在实际的加工制作和安装过程中变得更加合理，提高加工效率和加工安装精度。通过深化设计，对螺栓连接接缝处连接板进行优化、归类、统一，减少品种、规格使杆件和节点进行归类编号，形成流水加工，大大提高加工进度。

钢结构深化设计因为其突出的空间几何造型特性，平面设计软件很难满足要求，BIM 应用软件出现后，在钢结构深化设计领域得到快速的应用。

35

钢结构深化设计软件见表 2.1-4。

钢结构深化设计软件 表 2.1-4

软件名称	主要功能
BoCAD	三维建模，双向关联，可以进行较为复杂的节点、构件的建模
Tekla (Xsteel)	三维钢结构建模，进行零件、安装、总体布置图及各构件参数，零件数据、施工详图自动生成，具备校正检查的功能
Strucad	三维构件建模，进行详图布置等。复杂空间结构建模困难，复杂节点、特殊构件难以实现
SDS/2	三维构件建模，按照美国标准设计的节点库
STS 钢结构设计软件	PKPM 钢结构设计软件（STS）主要面向的市场是设计院的客户

（3）碰撞检查软件

碰撞检查，也叫多专业协同、模型检测，是一个多专业协同检查过程，将不同专业的模型集成在同一平台中并进行专业之间的碰撞检查及协调。碰撞检查主要发生在机电的各个专业之间，机电与结构的预留预埋、机电与幕墙、机电与钢筋之间的碰撞也是碰撞检查的重点及难点内容。在传统的碰撞检查中，用户将多个专业的平面图纸叠加，并绘制负责部位的剖面图，判断是否发生碰撞。这种方式效率低下，很难进行完整的检查，往往在设计中遗留大量的多专业碰撞及冲突，是造成工程施工过程中返工的主要因素之一。基于BIM 技术的碰撞检查具有显著的空间能力，可以大幅度提升工作效率，是 BIM 技术应用中的成功应用点之一。

碰撞检查软件除了判断实体之间的碰撞（也被称作"硬碰撞"），也有部分软件进行了模型是否符合规范、是否符合施工要求的检测（也被称为"软碰撞"）。碰撞检查软件见表 2.1-5。

碰撞检查软件 表 2.1-5

序 号	软件名称	说 明
1	Navisworks	支持市面上常见的 BIM 建模工具，包括 Revit、Bentley、ArchiCAD、MagiCAD、Tekla 等。"硬碰撞"效率高，应用成熟
2	广联达 BIM 审图软件	对广联达等软件有很好的接口，与 Revit 有专用插件接口。支持 IFC 标准，可以导入 ArchiCAD、MagiCAD、Tekla 等软件的模型数据。除了"硬碰撞"，还支持模型合法性检测等"软碰撞"功能
3	鲁班碰撞检查	属于鲁班 BIM 解决方案中的一个模块，支持鲁班算量建模结果
4	MagiCAD 碰撞检查模块	属于 MagiCAD 的一个功能模块，将碰撞检查与调整优化集成在同一个软件中，处理机电系统内部碰撞效率很高
5	Revit MEP 碰撞检查功能模块	Revit 软件的一个功能，将碰撞检查与调整优化集成在同一个软件中，处理机电系统内部碰撞效率很高

3. 施工阶段的 BIM 工具软件应用

施工阶段的 BIM 工具软件是新兴的领域，主要包括施工场地、模板及脚手架建模软件、钢筋翻样、变更计量、5D 管理等软件。三维场地布置软件介绍见表 2.1-6，模板脚手架软件见表 2.1-7，5D 施工管理软件见表 2.1-8。

三维场地布置软件　　　　　　　　　　　　　　　　　　表 2.1-6

序　号	软件名称	说　　明
1	广联达三维场地布置软件 3D-GCP	支持二维图纸识别建模，内置施工现场的常用构件，如板房、料场、塔吊、施工电梯、道路、大门、围栏、标语牌、旗杆等，建模效率高
2	斯维尔平面图制作系统	基于 CAD 平台开发，属于二维平面图绘制工具，不是严格意义上的 BIM 工具软件
3	PKPM 三维现场平面图软件	PKPM 三维现场平面图软件支持二维图纸识别建模，内置施工现场的常用构件和图库，可以通过拉伸、翻样支持较复杂的现场形状，如复杂基坑的建模。包括贴图、视频制作功能

模板脚手架软件　　　　　　　　　　　　　　　　　　　表 2.1-7

序　号	软件名称	说　　明
1	广联达模板脚手架设计软件	支持二维图纸识别建模，也可以导入广联达算量产生的实体模型辅助建模，具有自动生成模架、设计验算及生成计算书功能
2	PKPM 模板脚手架设计软件	脚手架设计软件可建立多种形状及组合形式的脚手架三维模型，生成脚手架立面图、脚手架施工图和节点详图；可生成用量统计表；可进行多种脚手架形式的规范计算；提供多种脚手架施工方案模板。模板设计软件适用于大模板，组合模板，胶合板和木模板的墙、梁、柱、楼板的设计、布置及计算。能够完成各种模板的配板设计、支撑系统计算、配板详图、统计用表及提供丰富的节点构造详图

5D 施工管理软件　　　　　　　　　　　　　　　　　　　表 2.1-8

序　号	软件名称	说　　明
1	广联达 BIM5D 软件	具有流水段划分、浏览任意时间点施工工况，提供各个施工期间的施工计划、资源消耗量等功能；支持建造过程模拟，包括资金及主要资源模拟；可以跟踪过程进度、质量、安全问题记录。支持 Revit 等软件
2	易达 5D 软件	可以按照进度浏览构件的基础属性、工程量等信息。支持 IFC 标准

2.2　Revit 软件概述

2.2.1　Revit 软件发展

Revit 最早来源于 Pro/E 软件，Pro/E 是一款机械设计的三维软件，是 Autodesk 在制造领域最强劲的竞争对手。1997 年 10 月 31 日 Pro/E 的 Leonid Raiz 和 Irwin Jungreis 的两位工程师创建了 Charles River 软件公司。这两个创始人最初想把机械领域的参数化建模方法和成功经验带到建筑行业。因此聘请了多名软件开发人员和架构师，开始在 Windows 平台上用 C++ 开发 Revit。在 1999 年，Charles River 公司聘请 Dave Lemont 作为 CEO。至此，Revit 软件正式进入人们视野。

Revit 在一开始的目标很简单，就是给建筑师和建筑工程师提供一个工具，可以创建参数化的三维模型。这个模型可以用于三维设计生成图纸，而且包括几何和非几何的设计和施工信息。这种有建筑信息的模型，后来被称为建筑信息模型或 BIM。当时，已经有了一些类似的软件可以创建三维虚拟建筑，并且提供了创建建筑组件的工具，例如 ArchiCAD。

在 2000 年 1 月，Charles River 公司更名为 Revit Technology 公司，同年 4 月 5 日 Revit 1.0 版本发布。之后 Revit 的开发非常迅速，在 2000 年 8 月、10 月，2001 年 2 月、6 月、11 月和 2002 年 1 月接连发布 Revit 2.0、3.0、3.1、4.0 和 4.1 版本。

2002 年 Autodesk（欧特克）以 1.33 亿美元收购了 Revit Technology 公司。收购后，Revit 从建筑专业扩展到更多领域。2005 年 Revit Structure 发布，然后在 2006 年 Revit MEP 发布。Revit Building 的 2006 年发布后更名为 Revit Architecture。在 2005 年的时候，"茶馆掌柜"插件团队加入 Revit 开发团队，开始 Revit 8.0 插件和 API 的开发工作。

2.2.2　Revit 软件简介

Autodesk（欧特克）公司的 Revit 是一款专业三维参数化建筑 BIM 设计软件，是有效创建信息化建筑模型（BIM），以及各种建筑设计、施工文档的设计工具。用于进行建筑信息建模的 Revit 平台是一个设计和记录系统，它支持建筑项目所需的设计、图纸和明细表，可提供所需的有关项目设计、范围、数量和阶段等信息，如图 2.2-1 所示。

在 Revit 模型中，所有的图纸、二维视图和三维视图及明细表都是同数据库的信息表现形式。在图纸视图和明细表视图中操作时，Revit 将收集有关建筑项目的信息，并在项目的其他所有表现形式中协调该信息。

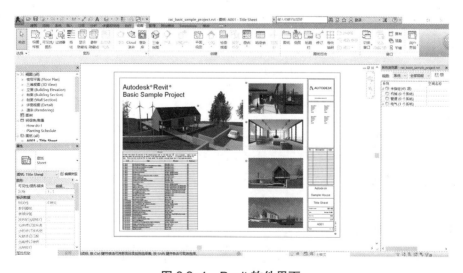

图 2.2-1　Revit 软件界面

2.2.3　Revit 软件特点

（1）可以导出各建筑部件的三维设计尺寸和体积数据，为概预算提供资料，资料的准确程度同建模的精确度成正比。

（2）在精确建模的基础上，用 Revit 建模生成的平立图完全对得起来，图面质量受人的因素影响很小，而对建筑和 CAD 绘图理解不深的设计师所画的平立面图可能有很多地方不交接。

（3）其他软件只解决一个专业的问题，而 Revit 能解决多个专业的问题。Revit 不仅有建筑、结构、设备，还有协同、远程协同，带材质输入到 3ds Max 的渲染、云渲染、碰撞分析和绿色建筑分析等功能。

（4）强大的联动功能，平面图、立面图、剖面图、明细表双向关联，一处修改，处处更新，自动避免低级错误。

（5）Revit 设计会节省成本，节省设计变更，加快工程周期。而这些恰恰是一款 BIM 软件应该具有的特点。

2.3　Revit 软件使用前导

2.3.1　Revit2016 安装

Revit2016 64 位软件安装过程主要分为安装和激活两个步骤，现将 Revit2016 安装过程作详细介绍：

（1）运行软件安装包，在弹出的窗口中选择安装语言（中文简体）后点击【安装】，如图 2.3-1 所示。

图 2.3-1　安装窗口

（2）接受"许可协议"后，点击【下一步】，如图 2.3-2 所示。

图 2.3-2　接受许可协议

（3）选择许可类型单机版，在产品信息中选择"我有我的产品信息"，输入 Autodesk Revit 2016 正版序列号（666-69696969）及产品秘钥（829H1）后，点击【下一步】，如图 2.3-3 所示。

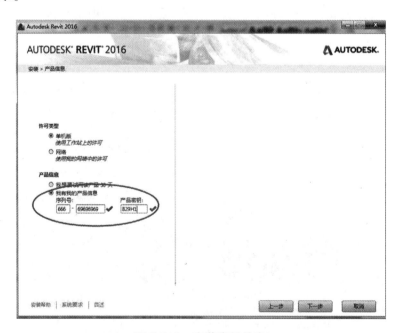

图 2.3-3　安装产品信息

（4）根据自身需要选择安装路径，点击下一步开始安装，安装时间因各机器硬件配置不同而稍有差异，如图 2.3-4 所示。

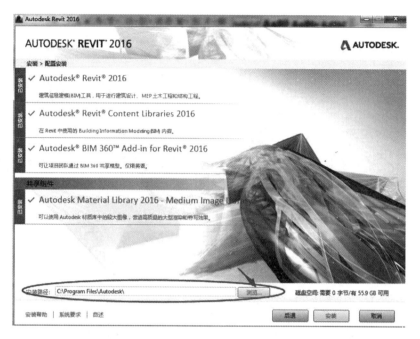

图 2.3-4　安装选项

（5）Revit 组件安装完成后，会提示"您已成功安装选定的产品"点击【完成】，如图 2.3-5 所示。

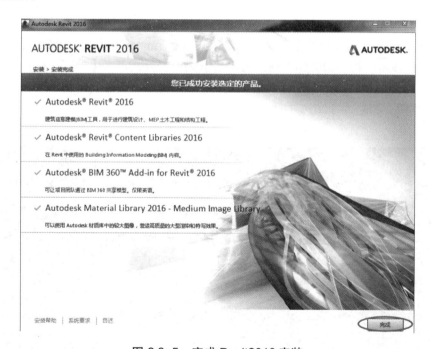

图 2.3-5　完成 Revit2016 安装

（6）在桌面点击启动 Revit2016，程序开始时会检查许可。首次打开 Revit，软件会弹出【Autodesk 许可】对话框，需要对 Revit 进行激活，点击右下角【激活】按钮，进入激活界面，如图 2.3-6 所示。

图 2.3-6　激活界面

（7）界面中提供了两种激活方法：一种是通过 Internet 连接注册并激活，另一种就是直接输入 Autodesk 公司提供的激活码。单击【我具有 Autodesk 提供的激活码】单选按钮，运行 x64 位注册机，将申请号输入到注册机请求码位置处，点击【补丁】按钮，之后点击【生成】（图 2.3-7），将生成的激活码输入到对应位置处（使用复制—粘贴方法），然后单击【下一步】按钮，完成 Revit2016 的激活（图 2.3-8 和图 2.3-9）。

图 2.3-7　注册机界面

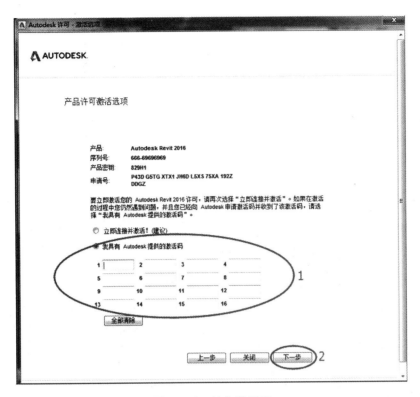

图 2.3-8 输入激活码

图 2.3-9 激活完成

2.3.2 Revit2016 启动

Revit 是标准的 Windows 应用程序。可以像其他 Windows 软件一样通过双击桌面快捷方式 ▲，启动 Revit 主程序，出现启动面板（图 2.3–10）。

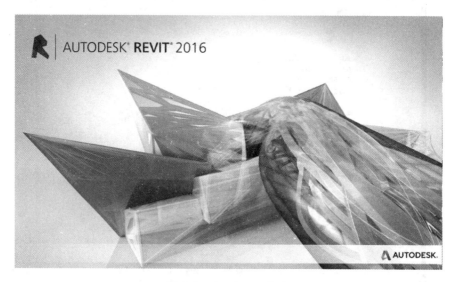

图 2.3-10　Revit 启动

启动后，默认会显示"最近使用文件"界面（图 2.3–11）。

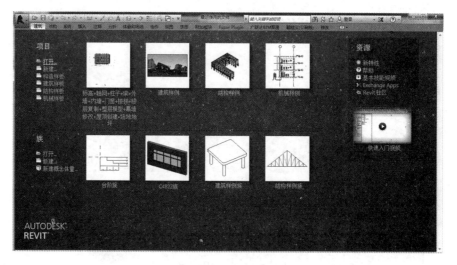

图 2.3-11　初始界面

2.3.3 Revit 界面

Revit2016 应用界面主要包含应用程序菜单、打开或新建项目、打开或新建族、最近使用的文件、资源面板。在 Revit2016 中，已整合了包括建筑、结构、机电各专业的功能，因此，在项目区域中，提供了建筑、结构、机械、构造等项目创建的快捷方式（图 2.3–12）。

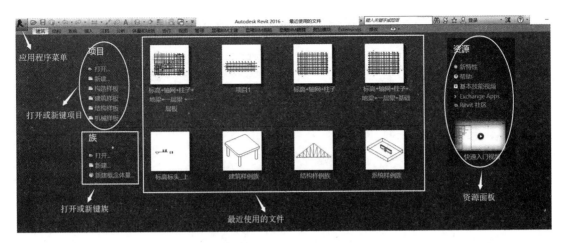

图 2.3-12 Revit 界面

单击 ▲ 按钮，打开应用程序菜单，可以通过"新建"、"打开"按钮创建或打开项目或族文件，同时可以保存项目文件，或使用高级的工具（如导出、发布）来管理文件，也可以单击"关闭"或"退出 Revit"按钮关闭项目文件（图 2.3-13）。

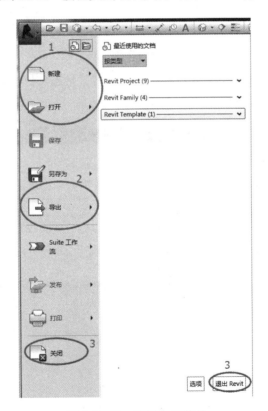

图 2.3-13 应用程序菜单

单击应用程序菜单右下角"选项"按钮，弹出"选项"对话框，该对话框中包括：常规、用户界面、图形、文件位置、渲染、检查拼写、SteeringWheels、ViewCube、宏等 9 个选项卡，可以对 Revit 操作条件进行设置（图 2.3-14）。

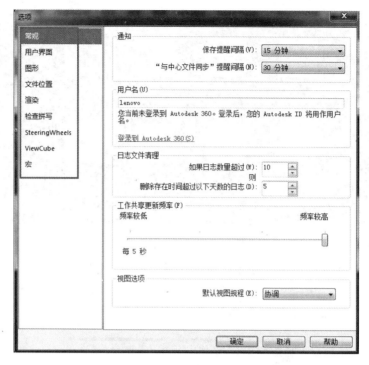

图 2.3-14　选项卡对话框

"常规"选项卡：主要用于对系统通知、用户名、日志文件清理、工作共享更新频率、视图选项参数设置（图 2.3-15）。

图 2.3-15　常规选项卡

"用户界面"选项卡:主要用于修改用户界面的行为。可以通过选择或清除建筑、结构、系统、体量和场地复选框,控制用户界面中可用的工具和功能,也可以设置"最近使用的文件"界面是否显示,以及对快捷键进行设置(图 2.3-16)。

在"文件位置"选项卡,可以查看 Revit 中各类项目所采用的样板设置,点击左侧"♦"能够添加其他类型的样板文件,同时也可以修改文件、族文件的保存路径(图 2.3-17)。

图 2.3-16 用户界面选项卡

图 2.3-17 文件位置选项卡

Revit 提供了完善的帮助文件系统，以方便用户在遇到使用困难时查阅，可以随时单击"资源"面板中的"帮助"按钮或按键盘"F1"键，打开帮助文档进行查阅。目前，Revit 2016 已将帮助文件以在线的方式存在，因此必须连接 Internet 才能正常查看帮助文档。

2.3.4　Revit 基本术语

要掌握 Revit 的操作，必须先理解软件中的几个重要概念和专用术语。由于 Revit 是针对工程建设行业推出的 BIM 工具，因此 Revit 中大多数术语均来自于工程项目，例如结构墙、门、窗、楼板、楼梯等。

软件中包括几个专用的术语，请读者务必掌握。这些常用术语包括：项目、对象类别、族、族类型、族实例。必须理解这些术语的概念与含义，才能灵活创建模型和文档。

1. 项目

在 Revit 中，可以简单地将项目理解为 Revit 的默认存档格式文件。该文件中包含了工程中所有的模型信息和其他工程信息，如材质、造价、数量等，还可以包括设计中生成的各种图纸和视图，项目以".rvt"的数据格式保存。注意".rvt"格式的项目文件无法在低版本的 Revit 打开，但可以被更高版本的 Revit 打开。例如，使用 Revit2015 创建的项目数据，无法在 Revit2014 或更低的版本中打开，但可以使用 Revit2016 打开或编辑。

学习提示：使用高版本的软件打开数据后，当在数据保存时，Revit 将升级项目数据格式为新版本数据格式。升级后的数据也将无法使用低版本软件打开了。

2. 对象类别

与 AutoCAD 不同，Revit 不提供图层的概念。Revit 中的轴网、墙、尺寸标注、文字注释等对象，以对象类别的方式进行自动归类和管理。例如，模型图元类别包括墙、楼梯、楼板等；注释类别包括门窗标记、尺寸标注、轴网、文字等。

在创建各类对象时，Revit 会自动根据对象所使用的族将该图元自动归类到正确的对象类别当中。例如：放置门时，Revit 会自动将该图元归类于"门"。

3. 族

Revit 的项目是由墙、门、窗、楼板、楼梯等一系列基本对象"堆积"而成，这些基本的零件称之为图元。除三维图元外，包括文字、尺寸标注等单个对象也称之为"图元"。

族是 Revit 项目的基础。Revit 的任何单一图元都由某一个特定族产生。例如：一扇门、一面墙、一个尺寸标注、一个图框。由一个族产生的各图元均具有相似的属性或参数，例如：对于一个平开门族，由该族产生的图元都可以具有高度、宽度等参数，但具体每个门的高度、宽度的值可以不同，这由该族的类型或实例参数定义决定。

在 Revit 中，族分为三种：

（1）可载入族

可载入族是指单独保存为族".rfa"格式的独立族文件，且可以随时载入到项目中的族。Revit 提供了族样板文件，允许用户自定义任意形式的族，在 Revit 中门、窗、结构柱、卫浴装置等图元均可以通过"插入"面板中"载入族"命令载入需要的族（图 2.3-18）。

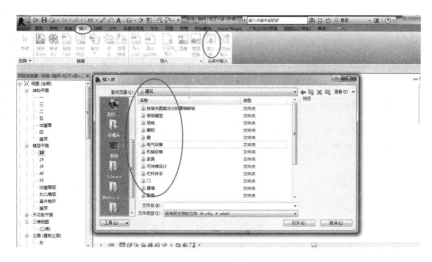

图 2.3-18 载入族

（2）系统族

系统族仅能利用系统提供的默认参数进行定义，不能作为单个族文件载入或创建。已经在项目中预定义并只能在项目中进行创建和修改的族类型，系统族包括墙、楼板、天花板、屋顶等（图 2.3-19）。

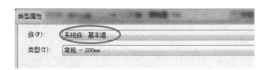

图 2.3-19 系统族

（3）内建族

在项目中，由用户在项目中直接在"构件"工具下"内建模型"创建的族称为内建族，内建族仅能在本项目中使用，即不能保存为单独的".rfa"格式的族文件，也不能通过"项目传递"功能将其传递等其他项目（图 2.3-20）。

图 2.3-20 内建族

4. 类型和实例

除内建族外，每一个族包含一个或多个不同的类型，用于定义不同的对象特件。例如，对于柱来说，可以通过创建不同的族类型，定义不同的柱宽和柱材质；每个放置在项目中的实际柱图元，称之为该类型的一个实例。Revit 通过类型属性参数和实例属性参数控制图元的类型或实例参数特征。同一类形的所有实例均具备相同的类型属性参数设置，而同一类型的不同实例，可以具备完全不同的实例参数设置。下面以一个柱子为例列举了 Revit 中族类别、族、族类型和族实例之间的相互关系（图 2.3-21）。

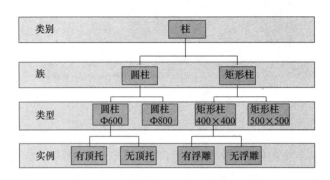

图 2.3-21 族、类型和实例关系

5. 图元架构

在 Revit 中，图元架构分为模型图元、基准图元、视图专有图元三大类，各图元主要起 3 种作用：

（1）基准图元可帮助定义项目的定位信息。例如，轴网、标高和参照平面都是基准图元。

（2）模型图元表示建筑的实例三维几何图形，它们显示在模型的相关视图中。例如，墙、窗、门和屋顶是模型图元。

（3）视图专有图元只显示在放置这些图元的视图中。它们可帮助对模型进行描述或归档。例如，尺寸标注、标记和详图构件都是视图专有图元。

图 2.3-22 列举了 Revit 中各不同性质和作用的图元使用方式，供读者参考。

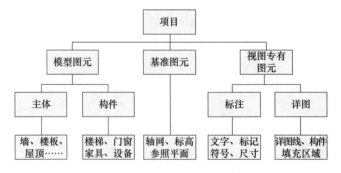

图 2.3-22 图元关系图

2.3.5 文件格式

Revit 中提供了 4 种基本文件格式，分别为 ".rte"、".rvt"、".rft"、".rfa"。

1. rte 格式

项目样板文件格式。包含项目单位、标注样式、文字样式、线型、线宽、线样式、导入/导出设置等内容。为规范设计和避免重复设置，对 Revit 自带的项目样板文件可以根据用户项目工程实际需要，进行内部标准设置，保存成项目样板文件，便于用户在新建项目文件时选用（图 2.3–23）。

图 2.3–23　Revit 自带的项目样板

2. rvt 格式

项目文件格式。包含项目所有的建筑模型、注释、视图、图纸等项目内容。通常基于项目样板文件（.rte）创建项目文件，编辑完成后保存为 rvt 文件，作为设计使用的项目文件。

3. rft 格式

可载入族的样板文件格式。Revit 里面提供了不同类型图元的族样板文件，在创建不同类别的族时要选择对应类别的族样板文件，才能正确地建出对应的族文件，族样板默认保存路径为 Autodesk\RVT 2016\Family Templates\Chinese（图 2.3–24）。

图 2.3–24　族样板文件

4. rfa 格式

可载入族的文件格式。用户可以根据项目需要创建自己的常用族文件，以便随时在项目中调用。

5. 支持的其他文件格式

在项目设计、管理时，用户经常会使用多种软件进行设计、管理来实现自己的意图。为了实现多软件环境的协同工作，Revit 提供了"导入"、"链接"、"导出"工具，可以支持 CAD、FBX、IFC、gbXML 等多种文件格式，用户可以通过"应用程序菜单"中"导出"按钮根据需要进行有选择地导出对应文件格式（图 2.3-25）。

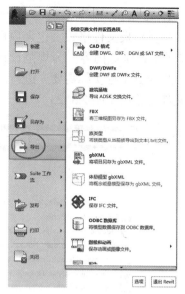

图 2.3-25 多种文件类型

2.4 Revit 界面说明

2.4.1 用户界面

Revit 采用 Ribbon（功能区）界面，按照工作任务和流程，将软件的各个功能组织在不同的选项卡和面板中，用户可以根据自己需要修改布局，用鼠标单击选项卡名称，可以在不同选项卡之间进行切换。每个选项卡都包含一个或多个由各种工具组成的面板（图 2.4-1）。

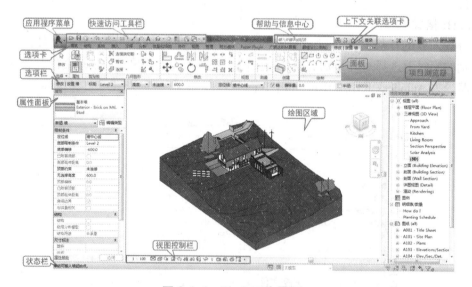

图 2.4-1 Revit 工作界面

2.4.2 功能区

功能区提供了在创建项目或族时所需要的全部工具。在功能区中默认有 11 个选项卡，其中系统选项卡中包含机械、电气和管道，当安装其他外部功能插件时会在选项卡中生成相对应的选项卡。功能区主要由选项卡、工具面板和工具组成（图 2.4-2）。

图 2.4-2　功能区

1."建筑"选项卡

"建筑"选项卡包含了创建建筑模型所需的大部分工具，由构建面板、楼梯坡道面板、模型面板、房间和面积面板、洞口面板、基准面板和工作平面面板组成。当激活"建筑"选项卡时，其他选项卡不被激活，看不到其他选项卡下包含的面板，只有单击其他选项卡时才会被激活（图 2.4-3）。

图 2.4-3　建筑选项卡

图 2.4-4　附加工具菜单

如果同一个工具图标中存在其他工具或命令，则会在工具图标下方显示下拉箭头，单击该箭头，可以显示附加的相关工具，与之类似，如果在工具面板中存在未显示的工具，会在面板名称位置显示下拉箭头（图 2.4-4）。

鼠标左键按住并拖动工具面板标签位置时，可以将该面板拖曳到功能区上其他任意位置、使之成为浮动面板。要将浮动面板返回到功能区，移动鼠标移至面板之上，浮动面板右上角显示控制柄时，单击"将面板返回到功能区"符号即可将浮动面板重新返回工作区域。注意工具面板仅能返回其原来所在的选项卡中（图 2.4-5）。

Revit 提供了 3 种不同的功能单击功能区面板显示状态。单击选项卡右侧的功能区状态切换符号，可以将功能区视图最小化为面板按钮、最小化为面板标题、最小化为选项卡状态中切换（图 2.4-6）。

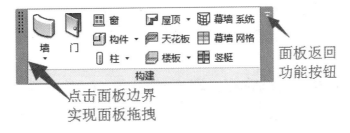

图 2.4-5　面板返回到功能区按钮

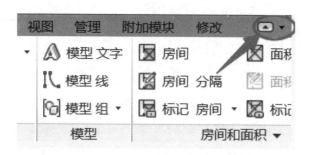

图 2.4-6　功能区状态切换按钮

2. "结构" 选项卡

当需要创建结构构件时，需要点击该选项卡，包含了创建结构模型所需的大部分工具。

3. "系统" 选项卡

"系统" 选项卡包含了创建风管、机电、管道、给水排水所需的大部分工具，当需要为建筑模型布置家具时，点击 "系统" 选项卡中的 "模型" 面板选择 "放置构件" 即可布置家具（图 2.4-7）。

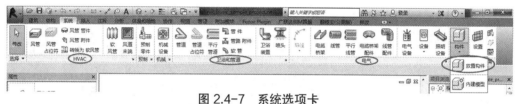

图 2.4-7　系统选项卡

4. "插入" 选项卡

通常用来导入或链接外部文件，例如 cad 图纸、Revit 模型等。从族文件中载入内容，可以使用 "载入族" 命令，来载入所需要的族文件（图 2.4-8）。

图 2.4-8　插入选项卡

5. "注释" 选项卡

包含了很多辅助工具，能够实现注释、标记、尺寸标注或者其他用于记录项目信息图形化工具（图 2.4-9）。

图 2.4-9　注释选项卡

6.“分析”选项卡

主要用于编辑能量分析的设置以及运行能量模拟，分析模型由 Revit 在构建物理模型时自动创建，用于执行分析和设计。可以将分析模型导出到分析和设计软件中。

7.“体量和场地”选项卡

用于建模和修改概念体量族和场地图元的工具，如添加地形表面、建筑红线等图元。

8.“协作”选项卡

用于团队中管理项目或者与其他团队合作使用链接文件。

9.“视图”选项卡

视图选项卡中的工具用于创建本项目中所需要的三维视图、剖面视图、图纸和明细表等（图 2.4-10）。

图 2.4-10 视图选项卡

10.“管理”选项卡

用于访问项目标准以及其他一些设置，包含了设计选项和阶段化工具，还有一些查询、警告、按 ID 进行选择等工具，可以帮助我们更好地运行项目，其中最重要的设置之一是"对象样式"，它可以管理全局可见性、投影、剪切以及显示颜色和线宽（图 2.4-11）。

图 2.4-11 管理选项卡

11.“修改”选项卡

用于编辑现有图元、数据和系统的工具，包含了操作图元时所需要使用的工具，例如：剪切、拆分、移动、复制、旋转等工具，在"剪贴板"中通过复制、粘贴可以实现楼层的复制（图 2.4-12）。

图 2.4-12 修改选项卡

2.4.3 上下文选项卡

除了在功能区默认的 11 个选项卡以外，还有一个选项卡就是"上下文选项卡"。"上

下文选项卡"是在进行选择图元或使用工具操作时，会出现与该操作相关的选项卡，"上下文选项卡"名称与该操作相关，如选择一个墙图元时，"上下文选项卡"的名称为"修改 | 墙"，在许多情况下，"上下文选项卡"与"修改"选项卡合并在一起，退出该工具或清除选择时，"上下文选项卡"会关闭（图2.4-13）。

图 2.4-13　上下文选项卡

Revit 中当绘制楼板或屋顶、楼梯构件时，"上下文选项卡"会稍有区别，例如当绘制楼板时在功能区会出现绘制面板，绘图区域会变成透明，当绘制完成后，需要点击"模式"面板的"完成编辑"按钮才能退出"上下文选项卡"（图2.4-14）。

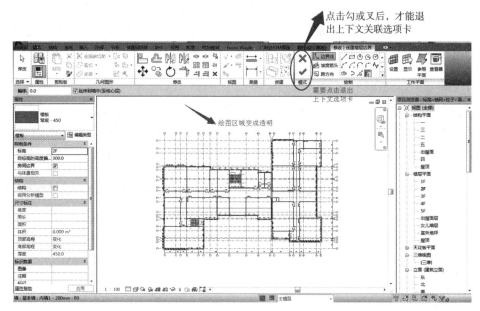

图 2.4-14　上下文选项卡

2.4.4　快速访问工具栏

除可以在功能区域内单击工具或命令外，Revit 还提供了快速访问工具栏，用于执行最常使用的命令，默认情况下快速访问栏包含下列项目（图2.4-15）。

图 2.4-15　快速访问工具栏

打开：打开项目、族、注释、建筑构件或 IFC 文件。

保存：用于保存当前的项目、族、注释或样板文件。

撤销：用于在默认情况下取消上次的操作。

恢复：恢复上次取消的操作。另外还可显示在执行任务期间所执行的所有已恢复的操作列表。

切换窗口：点击下拉箭头，然后单击要显示切换的视图。

三维视图：打开或创建视图，包括默认的三维视图、相机视图和漫游视图。

同步并修改设置：用于将本地文件与中心服务器上的文件进行同步。

定义并快速访问工具栏：用于自定义快速访问工具栏上显示的项目。要启用或禁用项目，请在"自定义快速访问工具栏"下拉列表上该工具的旁边单击。

可以根据需要自定义快速访问栏中的工具内容，根据自己的需要重新排列其顺序。例如，要在快速访问栏中创建墙工具，右键单击功能区"墙"工具，弹出快捷菜单中选择"添加到快速访问工具栏"即可将墙及其附加工具同时添加至快速访问栏中。使用类似的方式，在快速访问栏中右键单击任意工具，选择"从快速访问工具栏中移除"，可以将工具从快速访问工具栏中移除（图 2.4-16）。

图 2.4-16　添加到快速访问工具栏

自定义快速访问工具栏可能会显示在功能区下方，如图 2.4-17 所示，在自定义快速访问工具栏上出现"自定义快速访问工具栏"、"在功能区下方显示"选项。

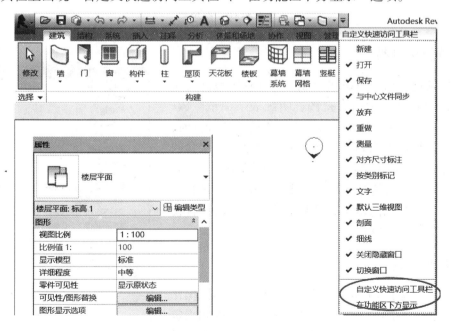

图 2.4-17　自定义快速访问工具栏

单击"自定义快速访问工具栏"下的菜单，在列表中选择"自定义快速访问工具栏"选项，将弹出"自定义快速访问工具栏"对话框，可重新排列快速访问栏中工具显示顺序，并根据需要添加分割线。勾选该对话框中的"在功能区下方显示快速访问工具栏"（图 2.4-18）。

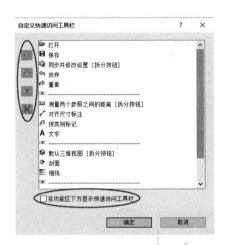

图 2.4-18 "自定义快速访问工具栏"对话框

2.4.5 选项栏

选项栏默认位于功能区下方。用于设置当前正在执行的操作的细节设置，选项栏内容因当前所执行的工具所选的图元不同而不同。以下为使用墙工具时，选项栏的设置内容（图 2.4-19）。

图 2.4-19 选项栏

2.4.6 项目浏览器

项目浏览器用于组织和管理当前项目中包括的所有信息，包括项目中所有视图、明细表、图纸、族、链接的 Revit 模型等项目资源。展开和折叠各分支时，将显示下一层集的内容。以下为项目浏览器中包含的项目内容，在项目浏览器中，项目类别前显示"▣"表示该类别中还包括其他子类别项目，在 Revit 中进行项目设计时，最常用的操作就是利用项目浏览器在各视图中切换（图 2.4-20）。

2.4.7 属性面板

属性面板是 Revit 中常用的面板，在进行图元操作时必不可少。"属性"面板主要用于查看和修改用来定义 Revit 中图元实例属性的参数，"属性"选项板由类

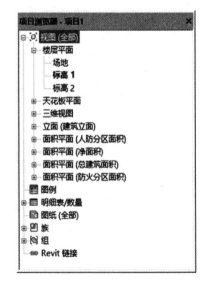

图 2.4-20 项目浏览器

型选择器、属性过滤器、编辑类型和实例属性 4 部分组成
（图 2.4–21）。

可以选择任意图元，单击上下文关联选项卡中按
钮；或在绘图区域中单击鼠标右键，在弹出的快捷菜单中
选择【属性】选项将其打开。可以将该选项板固定到 Revit
窗口的任一侧，也可以将其拖拽到绘图区域任意位置成为
浮动面板。

当选择图元对象时，属性面板将显示当前所选择对象
的实例属性；如果未选择任何图元，则选项板上将显示活
动视图的属性。

2.4.8 绘图区域

Revit 窗口中的绘图区域显示当前项目的楼层平面视图
以及图纸和明细表视图。在 Revit 中每当切换至新视图时，
在绘图区域将会创建新的视图窗口，且保留已打开的其他
视图。

默认情况下，绘图区域的背景颜色为"白色"。在选
项对话框"图形"选项卡中，可以设置视图中的绘图区域
背景反转为黑色。使用"视图"→"窗口"→"平铺"或
"层叠"工具，可设置所有已打开视图排列方式为平铺、
层叠等（图 2.4–22）。

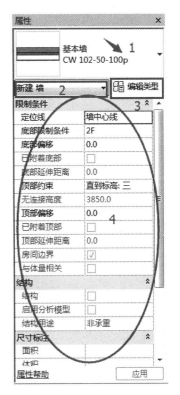

图 2.4-21 "属性"面板

图 2.4-22 视图排列方式

2.4.9 视图控制栏

在楼层平面视图和三维视图中，绘图区各视图窗口底部均会出现视图控制栏（图 2.4-
23）。

1 : 100

图 2.4-23 视图控制栏

通过控制栏，可以快速访问影响当前视图的功能，其中包括下列 12 个功能：比例、
详细程度、视觉样式、打开 / 关闭日光路径、打开 / 关闭阴影、显示 / 隐藏渲染对话框、
裁剪视图、显示 / 隐藏裁剪区域、解锁 / 锁定三维视图、临时隔离 / 隐藏、显示隐藏的图元、
分析模型的可见性。在后面将详细介绍视图控制栏中各项工具的使用。

2.5 Revit 基础功能介绍

2.5.1 视图控制

1. 项目视图种类

Revit 视图有很多种形式，每种视图类型都有特定用途。常用的视图有平面视图、立面视图、剖面视图、详图索引视图、三维视图、图例视图、明细表视图等。同一项目可以有任意多个视图，例如，对于"1F"标高，可以根据需要创建任意数量的楼层平面视图，用于表现不同的功能要求，如"1F"梁布置视图、"1F"柱布置视图、"1F"房间功能视图、"1F"建筑平面图等。

Revit 在"视图"选项卡"创建"面板中提供了创建各种视图的工具，也可以在项目浏览器中根据需要创建不同视图类型（图 2.5-1）。

图 2.5-1　视图工具

（1）楼层平面视图及天花板平面

楼层 / 结构平面视图及天花板视图是沿项目水平方向，按指定的标高偏移位置剖切项目生成的视图，大多数项目至少包含一个楼层 / 结构平面。楼层 / 结构平面视图在创建项目时默认可以自动创建对应的楼层平面视图（建筑样板创建的是楼层平面，结构样板创建的是结构平面）。除使用项目浏览器外，也可以通过双击蓝色标高标头进入对应的楼层平面视图；使用"视图"→"创建"→"平面视图"工具可以手动创建楼层平面视图。

在楼层平面视图中，当不选择任何图元时，"属性"面板将显示当前视图的属性。在"属性"面板中单击"视图范围"后的编辑按钮，将打开"视图范围"对话框，在该对话框中，可以定义视图的剖切位置（图 2.5-2 和图 2.5-3）。

图 2.5-2　"视图范围"对话框

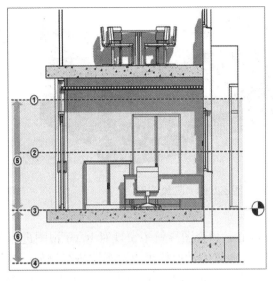

①顶部；②剖切面；③底部；④偏移量；⑤主要范围；⑥ 视图深度

图 2.5-3　视图范围参数含义

（2）立面视图

立面视图是项目模型在立面方向上的投影视图。在 Revit 中，默认每个项目将包含东、西、南、北 4 个立面视图，并在楼层平面视图中显示立面视图符号。双击平面视图中立面标记中的黑色小三角 ，会直接进入立面视图。Revit 允许用户在楼层平面视图或天花板视图中创建任意立面视图。

（3）剖面视图

剖面视图允许用户通过在平面、立面或详图视图中通过在指定位置绘制剖面符号线，在该位置对模型进行剖切，并根据剖面视图的剖切和投影方向生成模型投影。

（4）详图索引视图

当需要对模型的局部细节进行放大显示时，可以使用详图索引视图。可向平面视图、剖面视图、详图视图或立面视图中添加详图索引，这个创建详图索引的视图被称之为"父视图"。在详图索引范围内的模型部分，将以详图索引视图中设置的比例显示在独立的视图中，详图索引视图显示父视图中某一部分的放大版本，且所显示的内容与原模型关联。

绘制详图索引的视图是该详图索引视图的父视图。如果删除父视图，则也将删除该图索引视图。

（5）三维视图

使用三维视图，可以直观查看模型的状态。Revit 中三维视图分为两种：正交三维视图和透视图。在正交三维视图中，不管相机距离的远近，所有构件的大小均相同，可以点击快速访问栏"默认三维视图"图标直接进入默认三维视图，可以配合使用"Shift"键和鼠标中键根据需要灵活调整视图角度（图 2.5-4）。

使用"视图"→"创建"→"默认三维视图"→"相机"工具中的相机。在透视三维视图中，越远的构件显示得越小，越近的构件显示得越大，这种视图更符合人眼的观察视角（图 2.5-5）。

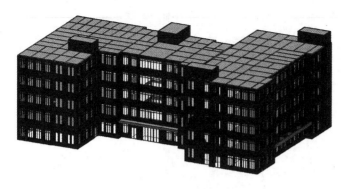

图 2.5-4　三维视图　　　　　　　图 2.5-5　相机视图

2. 视图基本操作

可以通过鼠标、ViewCube 和视图导航来实现对 Revit 视图进行平移、缩放等操作。在平面、立面或三维视图中，通过滚动鼠标可以对视图进行缩放；按住鼠标中键并拖动，可以实现视图的平移。在默认三维视图中，按住键盘"Shift"键并按住鼠标中键拖动鼠标，可以实现对三维视图的旋转。注意，视图旋转仅对三维视图有效。

在三维视图中，Revit 还提供了 ViewCube，用于实现对三维视图的控制。ViewCube 默认位于屏幕右上方。通过单击 ViewCube 的面、顶点或边，可以在模型的各立面、等轴测视图间进行切换。鼠标左键按住并拖住 ViewCube 下方的圆环指南针，还可以修改三维视图的方向为任意方向（图 2.5-6）。

为更加灵活地进行视图缩放控制，Revit 提供了"导航栏"工具条。默认情况下，导航栏位于视图右侧 ViewCube 下方。在任意视图中，都可通过导航栏对视图进行控制（图 2.5-7）。

图 2.5-6　ViewCube　　　　图 2.5-7　"导航栏"工具条

导航栏主要提供两类工具：视图平移查看工具和视图缩放工具。单击导航栏中上方第一个圆盘图标，将进入全导航控制盘控制模式，导航控制盘将跟随鼠标指针的移动而移动。全导航盘中提供"缩放"、"平移"、"动态观察（视图旋转）"等命令，移动鼠标指针至导航盘中命令位置，按住左键不动即可执行相应的操作（图 2.5-8）。

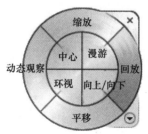

图 2.5-8　全导航控制盘

导航栏中提供的另外一个工具为"缩放"工具，单击缩放工具下拉列表，可以查看 Revit 提供的缩放选项。在实际操作中，最常使用的缩放工具为"区域放大"，Revit 允许用户绘制任意的范围窗口区域，将该区域范围内的图元放大（图 2.5-9）。

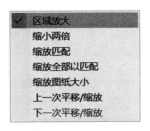

图 2.5-9　缩放工具

3. 视图显示及样式

通过视图控制栏，可以对视图中的图元进行显示控制。视图控制栏从左至右分别为：视图比例、视图详细程度、模型图形样式、打开 / 关闭日光路径、阴影、渲染（仅三维视图）、视图裁剪控制、视图显示控制选项（图 2.5-10）。注意由于在 Revit 中各视图均采用独立的窗口显示，因此，在任何视图中进行视图控制栏的设置，均不会影响其他视图的设置。

图 2.5-10　视图控制栏

（1）比例

视图比例：用于控制模型尺寸与当前视图显示之前的关系。单击视图控制栏 1 : 100 按钮，在比例列表中选择比例值即可修改当前视图的比例。无论视图比例如何调整，均不会修改模型的实际尺寸，仅会影响当前视图中添加的文字、尺寸标注等注释信息的相对大小。Revit 允许为项目中的每个视图指定不同比例，也可以创建自定义视图比例（图 2.5-11）。

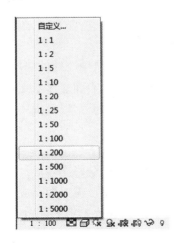

图 2.5-11　视图比例

（2）详细程度

Revit 提供了三种视图详细程度：粗略、中等、精细。Revit 中的图元可以在族中定义在不同视图详细程度模式下要显示的模型。在门族中分别定义"粗略""中等""精细"模式下图元的表现。Revit 通过视图详细程度控制同一图元在不同状态下的显示，以满足出图的要求。例如，在平面布置图中，平面视图中的窗可以显示为四条线；但在窗安装大样中，平面视图中的窗将显示为真实的窗截面（图 2.5-12）。

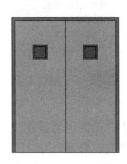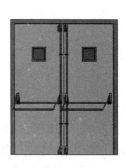

图 2.5-12　视图详细程度

（3）视觉样式

视觉样式用于控制模型在视图中的显示方式，Revit 提供了 6 种显示视觉样式："线框"、"隐藏线"、"着色"、"一致的颜色"、"真实"、"光线追踪"。显示效果逐渐增强，但所需要系统资源也越来越大。一般平面或剖面施工图可设置为线框或隐藏线模式，这样系统消耗资源较小，项目运行较快（图 2.5-13）。

"线框"样式可显示绘制所有边和线而未绘制表面的模型图像。

"隐藏线"样式可显示绘制了除被表面遮挡部分以外的所有边和线的图像。

"着色"样式显示处于着色模式下的图像，而且具有显示间接光及其阴影的选项。从"图形显示选项"对话框中选择"显示环境光阴影"，以模拟环境（漫射）光的阻挡。默认光源为着色图元提供照明。着色时可以显示的颜色数取决于在 Windows 中配置的显示颜色数，该设置只会影响当前视图。

"一致的颜色"样式显示所有表面都按照表面材质颜色设置进行着色的图像。该样式会保持一致的着色颜色，使材质始终以相同的颜色显示，而无论以何种方式将其定向到光源。

"真实"视觉样式，从"选项"对话框启用"硬件加速"后，"真实"视觉样式将在可编辑的视图中显示材质外观。旋转模型时，表面会显示在各种照明条件下呈现的外观。从"图形显示选项"对话框中选择"环境光阻挡"，以模拟环境（漫射）光的阻挡。注意"真实"视觉样式中不会显示人造灯光。

"光线追踪"视觉样式是一种照片级真实感渲染模式，该模式允许平移和缩放模型。在使用该视觉样式时，模型的渲染在开始时分辨率较低，但会迅速增加保真度，从而看起来更具有照片级真实感。在使用"光线追踪"模式期间或在进入该模式之前，可以选择从"图形显示选项"对话框设置照明、摄影曝光和背景。可以使用 ViewCube、导航控制盘和其他相机操作，对模型执行交互式漫游。

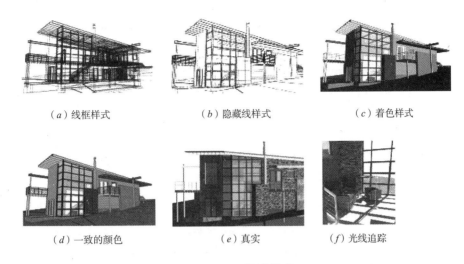

（a）线框样式　　　　　　　（b）隐藏线样式　　　　　　　（c）着色样式

（d）一致的颜色　　　　　　　（e）真实　　　　　　　（f）光线追踪

图 2.5-13　视觉样式

（4）打开/关闭日光路径、打开/关闭阴影

在视图中，可以通过打开/关闭阴影图中显示模型的光照阴影，增强模型的表现力。在日光路径按钮中，还可以对日光进行设置。

（5）裁剪视图、显示/隐藏裁剪区域

视图裁剪区域定义了视图中用于显示项目的范围由两个工具组成：是否启用裁剪及是否显示剪裁区域。可以单击 ◈ 按钮在视图中显示区域，再通过启用裁剪按钮将视图剪裁功能启用，通过拖拽裁剪边界，对视图进行裁剪后，裁剪框外的图元不显示。

（6）临时隔离/隐藏选项和显示隐藏的图元选项

在视图中可以根据需要临时隐藏已知图元，选择图元后，单击临时隐藏或隔离图元（或图元类别）命令 ◐，可以分别对所选择图元进行隐藏和隔离。隐藏图元选项隐藏所选图元；隔离图元选项将在视图隐藏所有未被选定的图元。可以根据图元（所有选项图元对象）或类别（所有与被选择的图元对象属于同一类别的图元）的方式对图元的隐藏和隔离进行控制（图 2.5-14）。

图 2.5-14　隐藏/隔离图元选项卡

所谓临时隐藏图元是指当关闭项目后，重新打开项目时被隐藏的图元将恢复显示。视图中临时隐藏或隔离图元后，视图周边将显示蓝色边框，此时，再次单击隐藏或隔离图元命令，可以选择"重设临时隐藏/隔离"选项恢复被隐藏的图元，或选择"将隐藏/隔离应用到视图"选项，此时视图周边蓝色边框消失，将永久隐藏不可见图元，即无论任何时候，图元都将不再显示。

要查看项目中隐藏的图元，可以单击视图控制栏中显示隐藏的图元 ￼ 命令，Revit 将会显示彩色边框，所有被隐藏的图元均会显示为亮红色（图 2.5-15）。

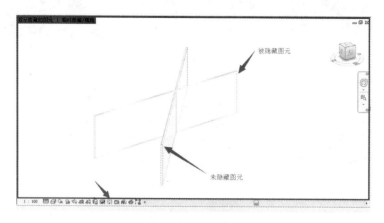

图 2.5-15　查看项目隐藏的图元

单击选择被隐藏的图元，点击"显示隐藏的图元"→"取消隐藏图元"选项可以恢复图元在视图中的显示。注意恢复图元显示后，务必单击"切换显示隐藏图元模式"按钮或再次单击视图控制栏 ￼ 按钮返回正常显示模式（图 2.5-16）。

提示：也可以在选择隐藏的图元后单击鼠标右键，在右键菜单中选择"取消在视图中隐藏""按图元"，取消图元的隐藏。

图 2.5-16　恢复显示被隐藏图元

（7）显示 / 隐藏渲染对话框（仅三维视图才可使用）

单击该按钮，将打开渲染对话框，以便对渲染质量、光照等进行详细的设置。Revit 用 MentalRay 渲染器进行渲染。

（8）解锁 / 锁定三维视图（仅三维视图才可使用）

如果需要在三维视图中进行三维尺寸标注及添加文字注释信息，要先锁定三维视图。单击该工具将创建新的锁定三维视图，锁定的三维视图不能旋转，但可以平移和缩放。在创建三维详图大样时，将使用该方式。

（9）隐藏 / 显示分析模型

临时且仅显示分析模型类别：结构图元的分析线会显示一个临时视图模式，隐藏项目视图中的物理模型仅显示分析模型类别，这是一种临时状态，并不会随项目一起保存，清除此选项则退出临时分析模型视图。

2.5.2　图元基本操作

1. 图元选择

在 Revit 中，要对图元进行修改和编辑，必须选择图元。在 Revit 中可以使用 4 种方法进行图元的选择：点选、框选、特性选择、过滤器选择。

（1）点选

移动光标至任意图元上，Revit 将高亮显示该图元并在状态栏中显示有关图元的信息。单击鼠标左键将选择被高亮显示的图元，在选择时如果多个图元彼此重叠，移动鼠标至图元位置，循环按键盘"Tab"键，Revit 将循环高亮预览显示各图元，当要选择的图元高亮显示后单击鼠标左键将选择该图元。要选择多个图元，可以按住键盘"Ctrl"键后，再次单击要添加到选择中的图元；如果按住键盘"Shift"键单击已选择的图元，将从选择集中取消该图元的选择。

（2）框选

将光标放在要选择的图元一侧，并对角拖拽光标以形成矩形边界，可以绘制选择范围框。当从左到右拖拽光标绘制范围框时，将生成"实线范围框"，被实线范围框部位包围的图元才能选中；当从右至左拖拽光标绘制范围框时，将生成"虚线范围框"，被完全包围或与范围框边界相交的图元均可被选中。

（3）特性选择

用鼠标左键单击图元，选中后高亮显示；再在图元上单击鼠标右键，用"选择全部实例"工具，在项目或视图中选择某一图元或族类型的所有实例。

（4）过滤器选择

选择多个图元对象后，单击状态栏过滤，能查看到图元类型，在"过滤器"对话框中，选择或取消部分图元的选择。

2. 图元编辑

在修改面板中，Revit 提供了"移动"、"复制"、"镜像"、"旋转"、"延伸"等命令，利用这些命令可以对图元进行编辑和修改操作（图 2.5-17）。

图 2.5-17　图元修改面板

（1）移动✣

"移动"命令能将一个或多个图元从一个位置移动到另一个位置，移动的时候，可以选择图元上某点或某线来移动，也可以在空白处随意移动（图 2.5-18）。

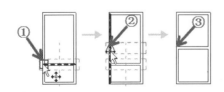

图 2.5-18　移动

（2）复制

"复制"命令可复制一个或多个选定图元，并生成副本、点选图元。复制时，选项栏可以通过勾选"多个"选项实现连续复制图元（图 2.5-19）。

图 2.5-19　关联选项栏

（3）阵列复制▦

"阵列"命令用于创建一个或多个相同图元的线性阵列或半径阵列。在族中使用"阵列"命令，可以方便地控制阵列图元的数量和间距，如：百叶窗的百叶数量和间距。阵列后的图元会自动成组。如果要修改阵列后的图元，需进入编辑组命令，然后才能对成组图元进行修改。

（4）对齐▣

"对齐"命令将一个或多个图元与选定位置对齐。对齐操作时，要求先单击选择对齐的目标位置，再单击选择要移动的对象图元，选择的对象将自动对齐至目标位置。对齐工具可以以任意的图元或参照平面为目标，在选择墙对像图元可以在选项栏中指定首选的参照墙的位置；要将多个对象对齐至目标位置，在选择栏选"多重对齐"选项即可。

（5）旋转◌

"旋转"命令可使图元绕指定轴旋转。默认旋转中心位于图元中心，移动鼠标至旋转中心标记位置，按住鼠标左键不放将拖拽至新的位置。在旋转时可设置旋转中心的位置，然后单击确定起点旋转角边，再确定终点旋转角边，指定图元旋转后的位置，完成图元的旋转（图 2.5-20）。

（6）偏移▱

"偏移"命令可以生成所选择的模型线、详图线、墙或梁等图元或在与其长度垂直的方向移动指定的距离。可以在选项栏中指定拖拽方式或输入距离数值方式来偏移图元。不勾选复制时，生成偏移后的图元时将移动图元（图 2.5-21）。

图 2.5-20　绕中心旋转　　　　图 2.5-21　偏移操作

（7）镜像▯◲

"镜像"命令使用一条线作为镜像轴，对所选模型图元执行镜像（反转其位置）。确定镜像轴时，既可以拾取已有图元作为镜像轴，也可以绘制临时轴。通过选项栏，可以确定镜像操作时是否需要复制原对象（图 2.5-22）。

（8）修剪和延伸

修剪和延伸共有 3 个工具，从左至右分别为：修剪/延伸为角、单个图元修剪和多个图元修剪工具（图 2.5-23）。

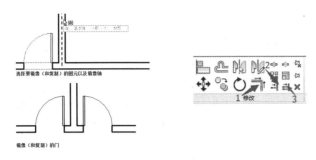

图 2.5-22　镜像操作　　　　　图 2.5-23　修剪延伸工具

使用"修剪"和"延伸"命令时必须先选择修剪或延伸的目标位置，然后选择要修剪或延伸的对象即可。对于多个图元的修剪工具，可以在选择目标后，多次选择要修改的图元，这些图元都将延伸至所选择的目标位置，可以将这些工具用于墙、线、梁等图元的编辑。对于 MEP 中的管线，也可以使用这些工具进行编辑和修改（图 2.5-24）。（提示：在修剪或延伸编辑时，鼠标单击拾取的图元位置将被保留。）

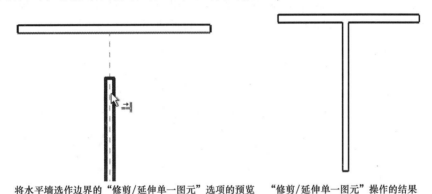

将水平墙选作边界的"修剪/延伸单一图元"选项的预览　　"修剪/延伸单一图元"操作的结果

图 2.5-24　延伸操作

（9）拆分图元

拆分工具有两种使用方法，即："拆分图元"和"用间隙拆分"，通过"拆分"命令，可将图元分割为两个单独部分，可删除两个点之间的线段（图 2.5-25）。

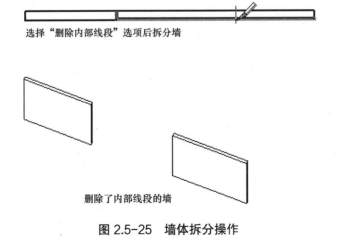

选择"删除内部线段"选项后拆分墙

删除了内部线段的墙

图 2.5-25　墙体拆分操作

（10）删除图元 ✖

"删除"命令可将选定图元从绘图中删除，这和使用 Delete 命令直接删除效果一样。

3. 图元限制及临时尺寸

（1）尺寸标注的限制条件

在放置永久性尺寸标注时，可以锁定这些尺寸标注。锁定尺寸标注时，即创建了限制条件；选择限制条件的参照时，会显示该限制条件（蓝色虚线）。

（2）相等限制条件

选择一个多段尺寸标注时，相等限制条件会在尺寸标注线附近显示为一个"EQ"符号。如果选择尺寸标注线的一个参照（如墙），则会出现"EQ"符号，在参照中间会出现一条蓝色虚线。"EQ"符号表示应用于尺寸标注参照的相等限制条件图元。

（3）临时尺寸

临时尺寸标注是相对最近的垂直构件进行创建的，并按照设置值进行递增。点选项目中的图元，图元周围就会出现蓝色的临时尺寸，修改尺寸上的数值，就可以修改图元位置。可以通过移动尺寸界线来修改临时尺寸标注，以参照所需构件。单击在临时尺寸标注附近出现的尺寸标注符号，即可修改新尺寸标注的属性和类型（图 2.5-26）。

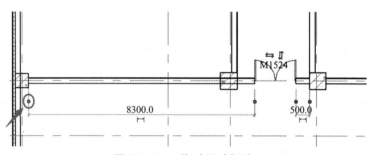

图 2.5-26　临时尺寸标注

2.5.3　快捷操作命令

常用快捷键

为提高工作效率，汇总常用快捷键于表 2.5-1~ 表 2.5-4 中，用户在任何时候都可以通过键盘输入快捷键直接访问至指定工具。

建模与绘图工具常用快捷键　　　　　　　　　　　　　　表 2.5-1

命　令	快　捷　键	命　令	快　捷　键
墙	WA	对齐标注	DI
门	DR	标高	LL
窗	WN	高程点标注	EL
放置构件	CM	绘制参照平面	RP
房间	RM	模型线	LI

续表

命　令	快　捷　键	命　令	快　捷　键
房间标记	RT	按类别标注	TG
轴线	GR	详图线	DL
文字	TX		

编辑修改工具常用快捷键　　表 2.5-2

命　令	快　捷　键	命　令	快　捷　键
删除	DE	对齐	AL
移动	MV	拆分图元	SL
复制	CO	修剪/延伸	TR
旋转	RO	偏移	OF
定义旋转中心	R3	在整个项目中选择全部实例	SA
列阵	AR	重复上上个命令	RC
镜像、拾取轴	MM	匹配对象类型	MA
创建组	GP	线处理	LW
锁定位置	PP	填色	PT
解锁位置	UP	拆分区域	SF

捕捉替代常用快捷键　　表 2.5-3

命　令	快　捷　键	命　令	快　捷　键
捕捉远距离对象	SR	捕捉到远点	PC
象限点	SQ	点	SX
垂足	SP	工作平面网格	SW
最近点	SN	切点	ST
中点	SM	关闭替换	SS
交点	SI	形状闭合	SZ
端点	SE	关闭捕捉	SO
中心	SC		

视图控制常用快捷键   表 2.5-4

命　令	快　捷　键．	命　令	快　捷　键
区域放大	ZR	临时隐藏类别	RC
缩放配置	ZF	临时隔离类别	IC
上一次缩放	ZP	重设临时隐藏	HR
动态视图	F8	隐藏图元	EH
线框模式	WF	隐藏类别	VH
隐藏线模式	HL	取消隐藏图元	EU
带边框着色显示模式	SD	切换显示隐藏图元模式	RH
细线模式	TL	取消隐藏类别	VU
视图图元属性	VP	渲染	RR
可见性图形	VV	快捷键定义窗口	KS
临时隐藏图元	HH	试图窗口平铺	WT
临时隔离图元	HI	视图窗口层叠	WC

第二篇　基础操作篇

第三章 创建项目

3.1 制定建模标准

建模标准的制定是为了保证项目各参与方之间工作原则的一致性，避免冲突的发生。这是多人建立一个项目模型以及数据流动的基础。

3.1.1 命名规则

模型文件分为工作模型与整合模型两类。工作模型指包含设计人员所输入信息的模型文件，通常一个工作模型仅包含项目的部分专业及信息；整合模型指根据一定规则将多个工作模型加以整合所呈现的成果模型或浏览模型。

1. 工作模型文件命名规则

工作模型文件命名一般按照以下几项条目叠加形成："【项目名称】-【区域】-【专业代码】-【定位楼层】-【版本】-【版本修改编号】"。

各条目具体编写标准为:【项目名称】: 工程名称拼音首字母（大写）;【区域】: 区域名称拼音首字母（大写）;【专业代码】: 建筑 -A，结构 -S，暖 -M，电 -E，水 -P;【定位楼层】: 地上 F1、F2……，地下 B1，B2……，没有则为 X;【版本】: A -Z;【版本修改编号】: 001，002……

命名举例: XXDXSYL-JLCC-A-X-A-001

举例注释: XX 大学实验楼 - 吉林长春 - 建筑 - 整体 - 第一版 - 第一次修改模型。

2. 整合模型文件命名规则

整合模型文件命名一般按照以下几项条目叠加形成:"【项目名称】-【版本】-【版本修改编号】"。

各条目具体编写标准为:【项目名称】: 工程名称拼音首字母（大写）;【版本】: V1.0，V2.0……;【版本修改编号】: 001,002……

命名举例: XXDXSYL-V1.0-001

举例注释: XX 大学实验楼 -V1.0 版 - 第一次修改模型。

3. 构件命名规则

见表 3.1-1 构件命名规则表。

构件命名规则表 表 3.1-1

土建	混凝土梁	【项目名称】-【楼层】-【梁编号】-【材质类型】-【尺寸】 如: XXDXSYL-F1-KL1-C30-200×500 （表示: XX 大学实验楼 -1 层 - 框架梁 1-C30 混凝土 -200×500)

土建	楼板	【项目名称】–【楼层】–【楼板编号】–【材质类型】–【厚度】 如：XXDXSYL–F1–LB1–C30–200 （表示：XX 大学实验楼 –1 层 – 楼板 1–C30 混凝土 –200mm 厚）
	结构柱	【项目名称】–【楼层】–【柱编号】–【材质类型】–【尺寸】 如：XXDXSYL–F1–KZ1–C30–500×500 （表示：XX 大学实验楼 –1 层 – 框架柱 1–C30 混凝土 –500mm×500mm）
	墙体	【项目名称】–【楼层】–【墙类型＋编号】–【材质】–【厚度】 如：XXDXSYL–F1–JLQ1–C30–400 （表示：XX 大学实验楼 –1 层 – 剪力墙 1–C30 混凝土 –400mm 厚）
	门族	【门类型代号】–【宽度】×【高度】 （M– 木门；LM– 铝合金门；GM– 钢门；SM– 塑钢门；JM– 卷帘门；左开、右开） 如：M–900×2100 （表示：900mm 宽，2100mm 高的普通木门）
	洞口	【洞口】–【宽度】×【高度】 如：洞口 –1500×1800 （表示：1500 mm 宽，1800mm 高的洞口）
	窗族	【C】–【宽度】×【高度】 如：C–1500×1800 （表示：1500mm 宽，1800mm 高的窗）
机电	系统设备	【项目名称】–【定位楼层】–【系统／设备名称】–（回路号） 如：XXDXSYL–F1– 送风系统 –（A1） （表示：XX 大学实验楼 –1 层 – 送风系统 –A1 回路）

3.1.2　色彩规定

为了方便项目参与各方协同工作时易于理解模型的组成，特别是水、暖、电模型系统较多，通过对不同专业和系统模型赋予不同的模型颜色，将有利于直观快速识别模型。

1. 建筑专业／结构专业

各构件使用系统默认的颜色进行绘制，建模过程中，发现问题的构件使用红色进行标记。

2. 给水排水专业／暖通专业／电气专业

水暖电专业 BIM 模型色彩以 2009 年 12 月 15 日发布、2010 年 1 月 1 日实施的《中国建筑股份有限公司设计勘察业务标准》的 CAD 图层标准为基础，并结合机电深化设计和管线综合的需求进行了细化和调整。

如果模型来自于设计模型，可继续沿用原有模型颜色，并根据施工阶段的需求增加和调整模型颜色。如果模型是在施工阶段时创建，可参照相应标准设置颜色。

3.1.3　CAD 底图处理

由于现阶段仍然无法真正实现全生命周期三维模型设计，三维模型的建立在某些过程中，仍以 CAD 图纸翻模为主，故为保证 Revit 做图过程中所导入的 CAD 底图的完整性、准确性与可利用性，需在绘制三维模型前，将原 CAD 底图进行适当处理。

1. 分图

将单专业全体图纸，按照各层图纸单层存储，并适当的删除不必要的图元（图 3.1-1）。

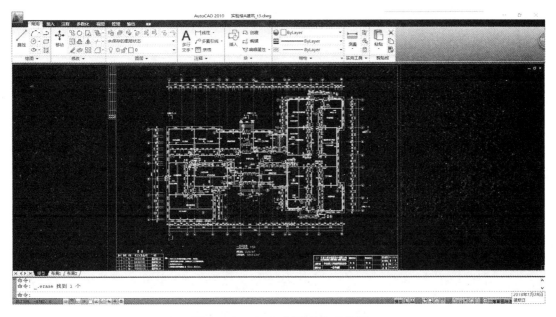

图 3.1-1 CAD 底图预处理分图

2. 移动参照点

为了方便导入的多张图纸可以完全重合，且避免在 Revit 软件中重复作业。需在建模前将已经分好的各张 CAD 底图进行移动到项目原点。移动原则为所移动的参照点应选择该底图 A 轴与 1 轴的交汇点（图 3.1-2）。

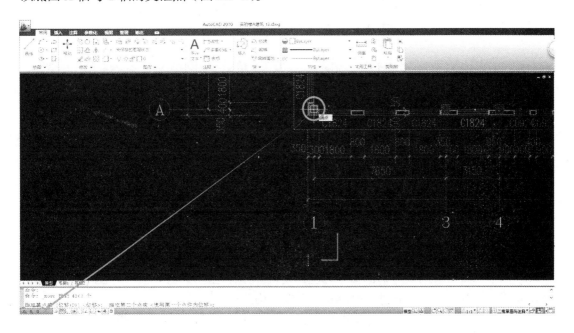

图 3.1-2 CAD 底图预处理移动参照点

3.2 项目设置

3.2.1 选择样板文件

方法一：运行 Revit 2016 后，在启动界面的"项目"栏中选择"新建 Revit 项目文件"命令（图 3.2-1），在弹出的"新建项目"对话框中选择相应的样板（图 3.2-3）。

图 3.2-1 新建 Revit 项目文件（一）

方法二：在用户界面中，点击左上角应用程序菜单，在下拉菜单中点击"新建"（图 3.2-2），在弹出的"新建项目"对话框中选择相应的样板（图 3.2-3）。

图 3.2-2 新建 Revit 项目文件（二）

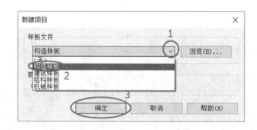

图 3.2-3 选择样板

一般建筑专业选择"建筑样板"，结构专业选择"结构样板"。如果项目中既有建筑又有结构，或者说不完全为单一专业建模，就选择"构造样板"。但构造样板中缺乏部分专业族，需在绘图过程中自行载入（如：结构专业中的钢筋族）。

由于本书所讲解的实际案例工程既包含建筑部分，也包含结构部分，且本书的建模方法为建筑专业与结构专业同时建模，故应选择"构造样板"。

注意：进入样板后，应检查所进入样板与所选择样板是否一致，如若不一致，会是由于软件自行挂接存在一定问题，需手动寻找项目样板。寻找方法为：在"新建项目"对

话框中点击"浏览"按钮，进入到"选择样板"对话框后，选择路径"C 盘 /ProgramData/
RVT 2016/Templates/China/…"（图 3.2-4 ）。

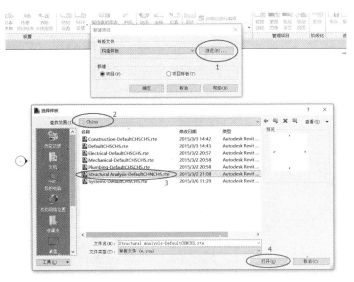

图 3.2-4　手动寻找项目样板

3.2.2　设置基本信息

1. 设置项目信息

　　进入用户界面后，选择"管理"选项卡，点击"项目信息"命令按钮，在弹出的"项
目属性"对话框中进行设置（图 3.2-5）。主要是作者、名称、地址等内容，这些内容后期
可以选择性出现在图框中。在此处设置，可以给其他专业，如结构、设备随时调用。本书
的案例工程所有项目信息，可根据实际情况如实填写。

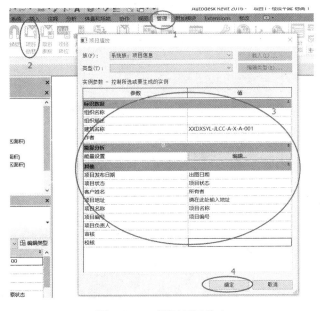

图 3.2-5　设置项目信息

2. 设置项目单位

选择"管理"选项卡，点击"项目单位"命令按钮，在弹出的"项目单位"对话框中设置长度单位，以"毫米"为单位，舍入"0个小数位"精度（图3.2-6）。

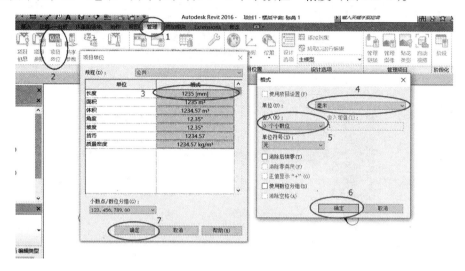

图 3.2-6　设置项目单位

3. 设置地点

选择"管理"选项卡，点击"地点"命令按钮，在弹出的"位置、气候和场地"对话框中拖拽定位点至工程所在地，点击"搜索"按钮，在"项目地址"一栏中核对地址信息，核对无误后，点击确定。本例是选取"吉林省长春市宽城区"（图3.2-7）。

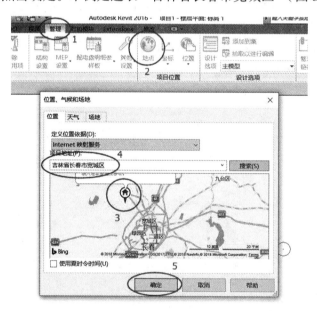

图 3.2-7　设置地点

注意：设置地点的操作容易被忽略，其实此步骤非常重要。建筑日照、建筑气候区划、节能标准、图集的选用都要依靠这一步操作。

4. 调整快捷键

以默认三维快捷键设置为例：点击左上角应用程序菜单中的"选项"命令按钮，在弹出的"选项"对话框中单击"快捷键自定义"按钮，接着在弹出的"快捷键"对话框中找到"默认三维"字样，在"按新键"输入条中，将F4键指定给"三维视图：默认三维视图"命令（图3.2-8）。

图 3.2-8　调整快捷键（一）

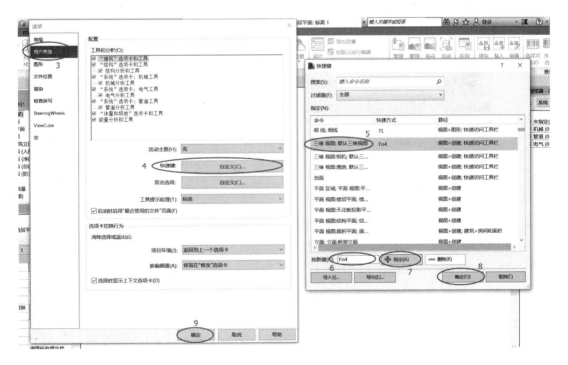

图 3.2-8　调整快捷键（二）

注意：按 F4 键的时候，Revit 中显示是"Fn4"，这是正确的。在本书的操作中，会在二维与三维间频繁切换，用 F4 键可以提高操作效率。

3.3 标高系统

在 Revit 绘图中，一般都是先创建标高、再绘制轴网。这可以保证后画的轴网系统正确体现在每一个标高（建筑和结构二个专业）视图中。在 Revit 中，标高标头上的数字是以"米"为单位的，其余位置都是以"毫米"为单位，在绘制中要注意，避免出现单位上的错误。

在一层楼的标高系统中，建筑标高肯定是高于结构标高。在住宅设计中，建筑标高比结构标高高出 30~50mm；而在公共建筑的设计中，建筑标高比结构标高高出 100mm 左右，本例中的高差是 100mm。

3.3.1 定义标高标头的族

由于 Revit 中的标高标头族是各专业通用的，而本例中建筑与结构专业的标高系统在一个项目文件中，为了方便作图，会把建筑与结构两个专业的标高区分开。由于系统自带标高族为"建筑专业"标高族，故本节将介绍如何将建筑标高族修改成"结构专业"标高族。

1. 打开标高族

点击左上角应用程序菜单中的"打开"按钮旁的小三角按钮，选择"族"命令，在弹出的"打开"对话框中选择"注释"→"符号"→"建筑"→"标高标头_上.rfa"的族文件，单击"打开"按钮（图 3.3-1）。

图 3.3-1 打开标高族

2. 修改标高族

选择屏幕操作区标高标头中的"名称"文字，在属性对话框中单击"编辑"按钮，在弹出的"编辑标签"对话框中，前缀位置中输入"结构："字样，在后缀中输入"层"字样并单击"确定"按钮（图 3.3-2）。

操作后可以观察到，屏幕操作区的标高标头的文字变为"结构：名称层"字样，在插入该标高族后，其名称字样变为相应的层号（图 3.3-3）。

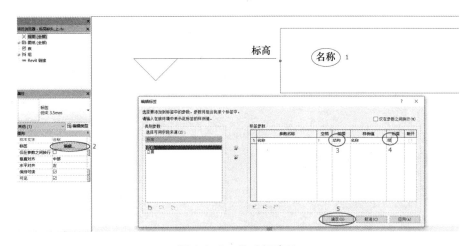

图 3.3-2 修改标高族

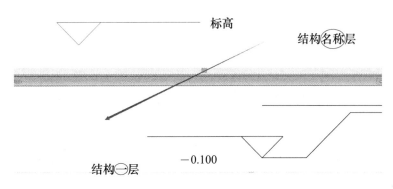

图 3.3-3 结构标高族成果

3. 另存为结构标高

修改标高族完成后，点击左上角应用程序菜单中的"另存为"按钮旁的小三角按钮，选择"族"命令。在弹出的"另存为"对话框中将已经调整好的标高标头文件另存为"结构标高"RFA族文件，存储位置应尽量选择易查找位置，方便后续调用（图 3.3-4）。

图 3.3-4 另存为结构标高

3.3.2 建筑专业标高系统绘制

在房屋建筑的三大专业——建筑、结构、设备中，建筑与结构是有各自独立的标高系统的，而设备专业是依赖于这两个专业的标高系统。因此在本例之中，建筑与结构两个专业的标高在一个项目文件中，这个带有标高系统的项目文件，一次性就可以提供给三大专业。

1. 查看建筑标高

选择项目浏览器中的"立面（建筑立面）"，点击"东"立面命令按钮，可以观察到系统自带的一些标高（图 3.3-5）。注意，标高只能在立面视图中创建与编辑。

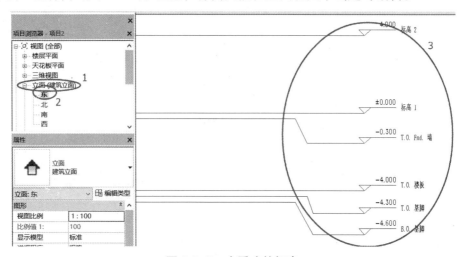

图 3.3-5　查看建筑标高

2. 删除多余标高

选择除"±0.000 标高 1"以外的所有标高，按 Delete 键，将其删除。删除后，可以观察到"标高 1"与项目浏览器中的楼层平面视图"标高 1"相对应（图 3.3-6）。

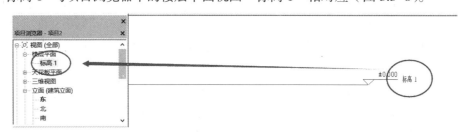

图 3.3-6　删除多余标高

3. 更改建筑标高名称

双击标高标头中"标高 1"字样，输入"1F"字样。完成后，可以观察到标高的名称与项目浏览器中楼层平面视图相对应都改为 1F（图 3.3-7）。

4. 绘制其他层标高

（1）添加其他层标高

点击"建筑"选项卡中的"标高"按钮，进入标高绘制界面。在绘图区域以 1F 标高左右相对齐的位置，绘制一个任意高度（具体的标高数值在后面修改）的标高，绘制完成后根据图纸更改楼层名称与标高数值（图 3.3-8）。

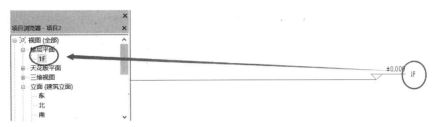

图 3.3-7　更改建筑标高名称

图 3.3-8　添加其他层标高

（2）阵列标高

选择已经建好的 2F 标高。点击"修改 | 标高"选项卡中的阵列按钮，取消选中"成组并关联"复选框，"项目数"设为4。"移动到"选"第二个"选项，点击 2F 标高的任意一点，将光标向上移动，输入数值 3900，按 Enter 键完成对标高的阵列（图 3.3-9）。系统会以 3900mm 为间距，生成三个楼层的标高，生成后手动更改各楼层层号。

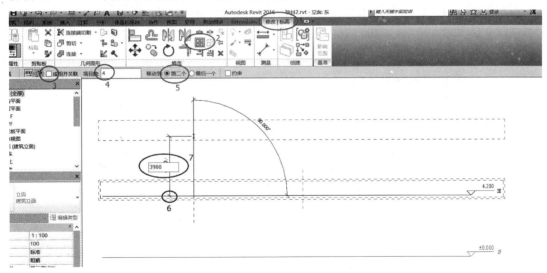

图 3.3-9　阵列标高

（3）复制标高

选择已经阵列生成的 5F 标高。点击"修改 | 标高"选项卡中的复制按钮，选中"约束"、"多个"复选框，点击 5F 标高的任意一点，将光标向上移动，输入数值 5400，按 Enter 键完成对第一条标高的复制，连续输入 2400，按 Enter 键完成对第一条标高的复制（图 3.3-10）。复制后，将生成的两个标高名称改成"女儿墙层"与"出屋面层"。

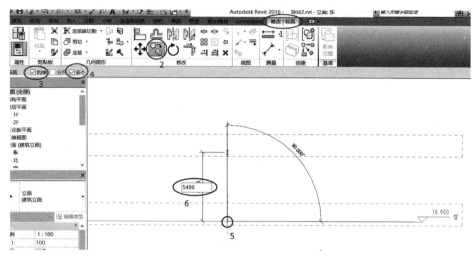

图 3.3-10　复制标高

注意：在标高间距一样的情况下，应使用阵列命令进行标高的绘制，这样可以一次性生成多个间距一致的标高。间距不一样的情况下，应使用复制命令进行标高的复制。

完成"女儿墙层"与"出屋面层"的复制绘制后，还应在建筑标高系统中用同样的方法，在 1F 的基础上向下复制室外地坪标高。

5. 生成与标高相对应的楼层平面视图

选用复制与阵列的方法绘制的标高，将无法在楼层平面视图下显示，需进行手动添加。选择"视图"选项卡中的"平面视图"按钮，点击"楼层平面"命令，在弹出的"新建楼层平面"对话框中，选择还未生成楼层平面视图的所有标高，并单击"确定"按钮（图 3.3-11）。完成此步操作后，可以在"项目浏览器"面板中观察到系统生成了与标高相对应的楼层平面视图。

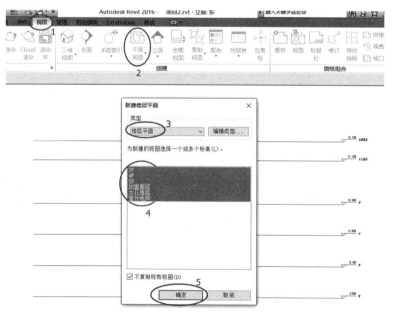

图 3.3-11　添加楼层平面

6. 建立建筑标高类型

在 Revit 中，标高是族的一个类型，如果所建立的建筑标高此处不保存为单一族类型，则在结构标高绘制中产生联动变化，所以此步骤是建筑与结构在同一模型下共建的关键一步。

框选全部标高，在右侧"属性"栏中选择"编辑类型"按钮，在弹出的"类型属性"对话框中单击"复制"按钮，在弹出的"名称"对话框中输入"建筑标头"名称并单击"确定"按钮（图 3.3–12）。

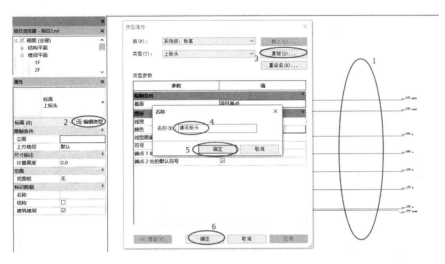

图 3.3-12 建立建筑标高类型

3.3.3 结构专业标高系统绘制

建筑与结构的标高系统在一个文件中有很多优势，可以将此文件共享，让建筑、结构、设备等专业相互调用。修改这个文件时，建筑、结构、设备会联动变化，可以很清楚地观察到建筑与结构专业的构件在垂直尺寸上的关系。

1. 绘制结构标高

单击"结构"选项卡中的"标高"按钮，在任意高度自右向左（和已有的建筑标高反方向）绘制一条标高线（图 3.3–13）。

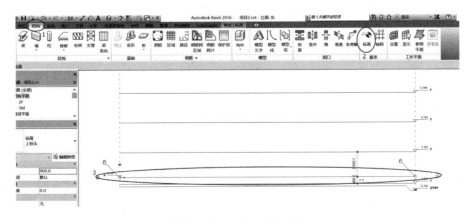

图 3.3-13 绘制结构标高

2. 载入结构标高族

在"插入"选项卡中选择"载入族"按钮,在弹出的"载入族"对话框中找到 3.3.1 中所建立的"结构标高"RFA 族文件,单击"打开"(图 3.3-14)按钮。

图 3.3-14　载入结构标高族

3. 建立结构标高类型

选择刚刚所绘制的结构标高,在"属性"面板中单击"编辑类型"按钮,在弹出的 "类型属性"对话框中单击"复制"按钮。在弹出的"名称"对话框中输入"结构标高" 名称并单击"确定"按钮(图 3.3-15)。命名完成后需选择符号类型,在"符号"栏中选 择"结构标高"并单击"确定"按钮(图 3.3-16)。

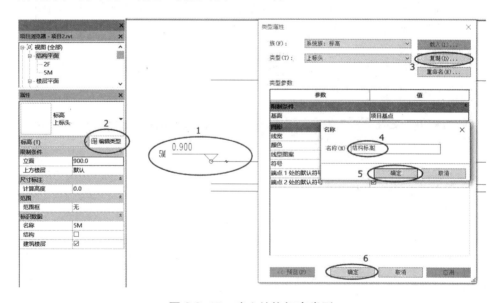

图 3.3-15　建立结构标高类型

图 3.3-16　更改结构标高符号类型

4. 更改结构标高的名称与数值

更改标高数值为 –0.100，重命名为"结构一层"，此时在项目浏览器中的结构平面栏会有"一"这个结构平面视图。在结构平面删除其他非结构标高，在楼层平面删除非建筑标高（图 3.3–17）。

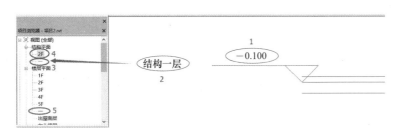

图 3.3-17　更改结构标高符号类型

5. 绘制其他结构标高

按照建筑标高中介绍的"复制"与"阵列"方法，绘制其他结构标高，绘制完成后将所建立的结构标高全部生成与标高相对应的结构平面视图（图 3.3–18）。

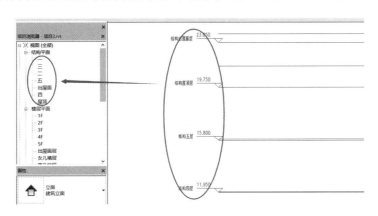

图 3.3-18　绘制其他结构标高

3.3.4 标高编辑

选择标高线，会出现标高间尺寸、控制符号等（图 3.3-19）。

（1）单击标高间尺寸数字或标头数字，可完成对间隔的修改。

（2）标头"隐藏／显示"，控制标头符号的关闭与显示。

（3）单击"添加弯头"的折线符号，可偏移标头，用于标高间距过小时的图面内容调整。

（3）单击蓝圈"拖动点"可进行标头位置调整。

（4）"标头对齐锁"按钮是保证拖拽一个标头，并使之全部在同一"标头对齐线"上的标头同时移动。

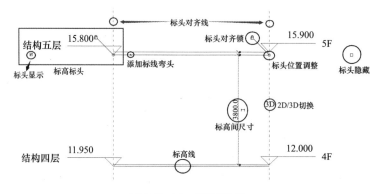

图 3.3-19　标高编辑

标高作为重要建模参照，为避免其在建模过程中发生移动，需对标高进行锁定，使其无法移动、删除、修改。选中全部标高线，在"修改｜标高"选项卡中点击"锁定"按钮（图 3.3-20）。

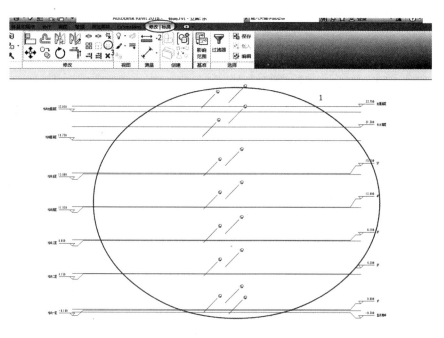

图 3.3-20　标高锁定

3.4 轴网的设计

平面定位轴线是确定房屋主要构件位置和标志尺寸的基准线，是施工放线和安装设备的依据。确定建筑平面轴线的原则是：在满足建筑使用功能要求的前提下，统一与简化结构、构件的尺寸和节点构造，减少构件类型的规格，扩大预制构件的通用与互换性，提高施工装配化程度。

3.4.1 创建轴网

定位轴网的具体位置因房屋结构体系的不同而有差别，定位轴线之间的距离即标志尺寸应符合模数制的要求。在模数化空间网格中，确定主要结构位置的定位线为定位轴线，其他网格线为定位线，用于确定模数化构件的尺寸。

1. 切换到 1F 楼层平面视图

为保证所建立的轴网通用性与标准型要求，需进入首层平面视图绘制轴网。在项目浏览器中，单击"楼层平面"栏中的"1F"视图，从立面进入到 1F 楼层平面视图。

※ 注意，轴网只能在平面视图中绘制。

2. 绘制一根水平轴线

点击"建筑"选项卡中的"轴网"按钮，在"修改｜放置 轴网"选项卡中点击"直线"按钮，从屏幕操作区的左侧向右侧绘制一条任意长度的水平轴线（图 3.4-1）。

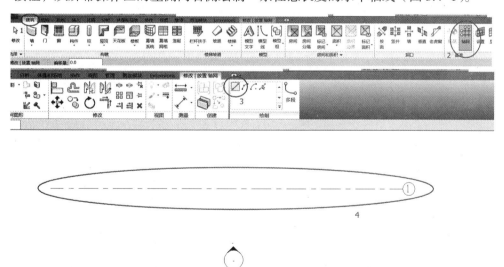

图 3.4-1 绘制一根水平轴线

3. 更改轴号

在默认情况下无论绘制水平轴线还是绘制垂直轴线，第一线都被系统地命名为 1 轴。案例图纸中所标横向第一根轴号为 A 轴，且因我国的建筑制图标准规定：水平方向轴线的轴号是以字母命名，垂直方向轴线的轴号是以数字命名。为保证绘图过程中的准确性，需对其进行修改。双击轴线头，输入字母"A"。在轴线的左侧，单击轴号显示框，显示出此处的轴号，使其绘制的轴线双侧显示轴号（图 3.4-2）。

图 3.4-2　更改轴号

4. 绘制其他轴线

（1）阵列轴线

选择已经绘制完成的 A 轴线，点击"修改 | 轴网"选项卡中的阵列按钮，取消选中"成组并关联"复选框，"项目数"设为 3，"移动到"选"第二个"选项，点击 A 轴的任意一点，将光标向上移动，输入数值 5100，按 Enter 键完成对标高的阵列（图 3.4-3）。系统会以 5100mm 为间距，生成两条轴网。阵列完成后，需根据图纸所标轴号更改相应轴线（图 3.4-4）。

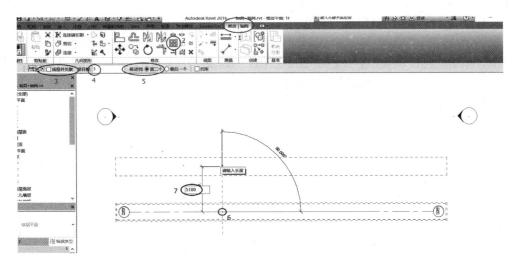

图 3.4-3　阵列轴线

图 3.4-4　更改轴号

（2）复制轴线

选择已经阵列生成的 F 轴，点击"修改丨轴网"选项卡中的复制按钮，选中"约束"、"多个"复选框 ，点击 F 轴的任意一点，将光标向上移动，输入数值 3600，按 Enter 键完成对第一条标高的复制，连续输入 1800、1350、6600、3300、1500、3900、4200、1350，完成其他轴网绘制（图 3.4-5）。复制后，需根据图纸逐一修改轴号。

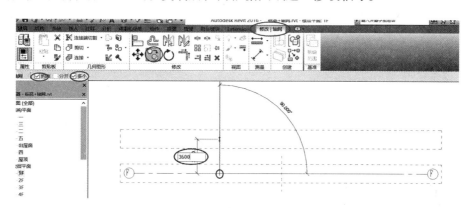

图 3.4-5 复制轴线

（3）绘制右侧其他轴网

由于右侧轴线编号与左侧不一致，需单独绘制。绘制方法为寻找左右轴号编码相同的轴线为基准线，在基准线的基础之上进行复制，并根据实际图纸更改轴号信息（图 3.4-6）。

图 3.4-6 全部横向轴线

※ 注意：因左右轴线编号体系相同，故在定义右侧轴号信息时，不应改变左侧原有轴线信息。

5. 绘制垂直轴线

点击"建筑"选项卡中的"轴网"按钮，在"修改丨放置 轴网"选项卡中点击"直线"按钮，从屏幕操作区的下侧向上侧绘制一条上下端超出横向坐标的垂直轴线，绘制完成后需更改轴号，以保证所绘制的其他竖向轴线体系与该轴线相同。其他竖向轴网的绘制方法与横向轴网的绘制方法相同。竖向轴网绘制完成后，需拉长水平方向轴线使水平方向的轴线左右两端超出竖向轴线（图 3.4-7）。

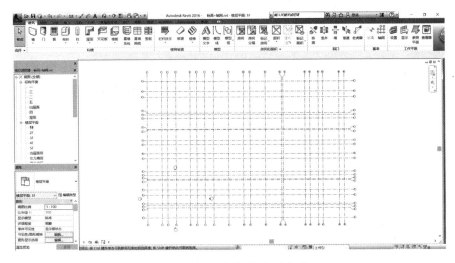

图 3.4-7　全部轴线绘制完成

3.4.2　轴网调整

轴网绘制完成后，还需要对其进行调整，如：轴线的颜色、轴线的影响范围、轴线尺寸标注等。

1. 轴线的颜色

轴线默认情况下的颜色是黑色，对于出施工图而言，因为最后都是黑白打印，什么样的颜色没有区别。由于轴线是最重要的定位线，所以建筑、结构、设备专业都要参照其进行绘图。Revit 绝大部分的构件都是黑色，如果轴线也是黑色，就容易混淆，所以应该将其换成其他颜色。

单击任意轴线，在"属性"面板中单击"编辑类型"按钮，在弹出的"类型属性"对话框中将"轴线末段颜色"设置为"红"色（图 3.4-8）。

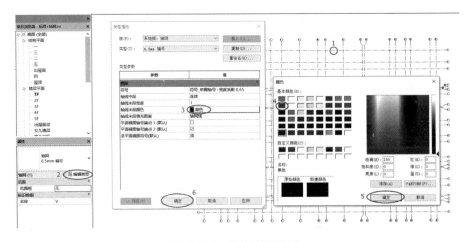

图 3.4-8　调整轴线颜色

94

2. 调整影响范围

在 Revit 中轴网是有影响范围的，也就是说轴网调整后，不是每个楼层平面视图都可以影响到，需要设置这样的范围。选择所有轴线，在"修改 | 轴网"选项卡中选择"影响范围"命令，在弹出的"影响基准范围"对话框中选择所有的楼层平面与结构平面，并单击"确定"按钮完成操作（图 3.4-9）。

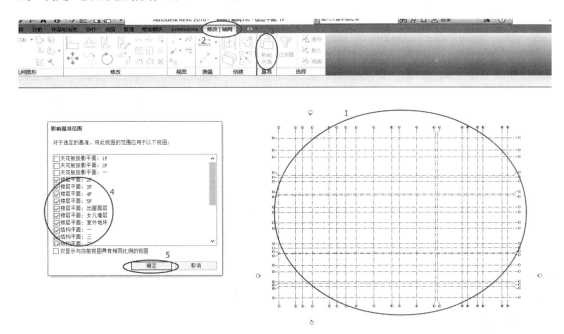

图 3.4-9　调整影响范围

※ 注意：在完成轴网调整影响范围后，应进入其他楼层检查是否调整成功。

3. 轴网标注

点击"注释"选项卡中的"对齐"按钮，向右依次选择 1、2、3、4、…、20 轴线，使用同样的命令与方法，从下向上完成对 A 至 Y 轴的轴线标注（图 3.4-10）。

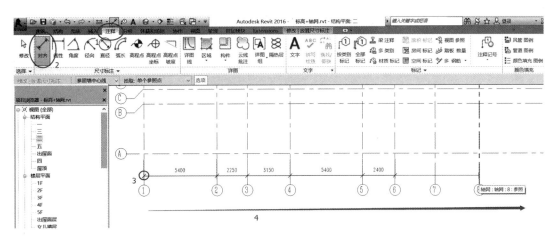

图 3.4-10　轴网标注

※ 注意：轴网的标注一次只针对一个楼层。如果需要对另外楼层进行轴网标注，可以使用复制楼层的方法来完成。点击所需要复制的轴线标注线，点击"修改丨尺寸标注"选项卡中的"复制到剪贴板"按钮，之后点击"粘贴"按钮下侧的小三角，选择"与选定的试图对齐"按钮，在弹出的"选择视图"对话框中框选楼层平面与结构平面，点击确定完成复制（图 3.4-11）。

轴网作为重要建模参照，为避免其在建模过程中发生移动，需对轴网进行锁定，使其无法移动、删除、修改。具体锁定方法同标高锁定方法。

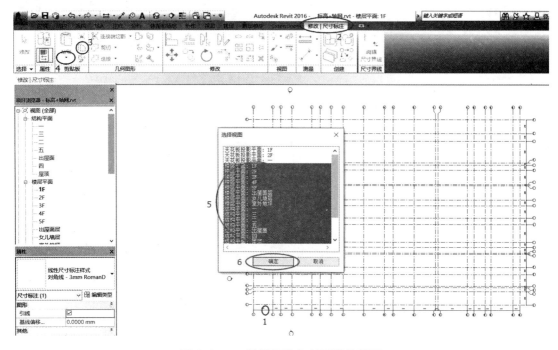

图 3.4-11　轴网标注复制到其他楼层

第四章 基本建模操作

4.1 绘制柱

Revit 的柱包括结构柱和建筑柱。结构柱用于承重,如钢筋混凝土的框架结构中的承重柱。建筑柱适用于墙垛等柱子类型,主要用于装饰和围护。本书围绕实际案例工程,主要介绍结构柱的建立与绘制。

4.1.1 柱的创建

在进行柱子建模之前,需对柱子进行类型创建与属性编辑。根据案例工程图纸举例创建 KZ1。

1. 结构柱族载入

点击"结构"选项卡中的"柱"功能按钮,在"属性"面板点击"编辑类型",在弹出的"类型属性"对话框中点击"载入"按钮,加载相应的结构柱系统族(因案例工程中无自建柱族,且系统族中提供了多数结构柱,故本部分将不讲解柱族的绘制与加载)。在弹出的系统族"打开"对话框中找到"结构/柱/混凝土/混凝土—矩形柱",单击打开(图4.1-1)。

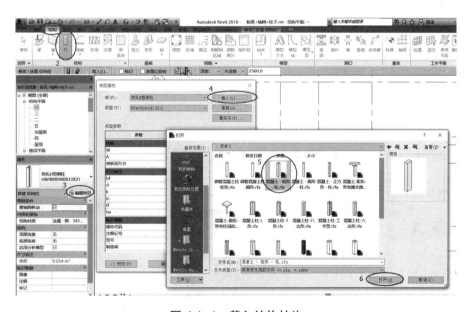

图 4.1-1 载入结构柱族

2. 柱尺寸属性编辑

在载入柱族完成后,无需点击"确定按钮"。结合案例图纸《1~3 层住定位图》中 A

轴与 1 轴交汇处的 KZ1 相关信息，在"类型属性"对话框中点击"复制"按钮，新建 KZ1 柱大类（※ 注意：不可点击"重命名"，"重命名"按钮为对上一类型进行名称更改，无法实现新建的目的）。在弹出的"名称"对话框中输入新类型名称"KZ1 500×500"。完成 KZ1 的新建后，需对 KZ1 的尺寸参数进行修改，点击"尺寸标注"中的"b"、"h"对话框，将其数值改为 500（图 4.1-2）。

图 4.1-2　柱尺寸属性编辑

3. 柱材料属性编辑

完成 KZ1 的建立及截面尺寸编辑后，为减少后续工作量，需在此处对 KZ1 的材料属性进行设置。点击"属性"对话框中的"结构材质"按钮旁的小三点按钮，进入"材料浏览器"对话框后，选择"混凝土—现场浇注混凝土"材料类型。修改"表面填充图案"与"截面填充图案"，在弹出的"填充样式"对话框中选择"混凝土—钢混凝土"，点击确定完成材料编辑（图 4.1-3）。

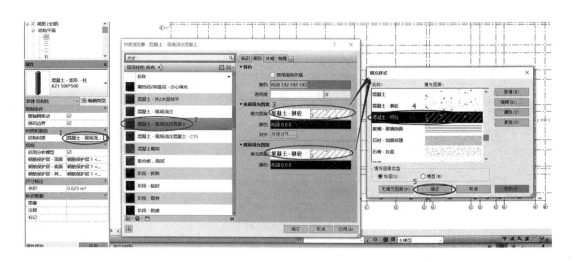

图 4.1-3　柱材料属性编辑

4.1.2 柱的布置

1. 柱布置高度修改

双击进入"项目浏览器"中的"结构平面"一层。启动结构柱命令后，在"修改 | 放置结构柱"选项卡中点击"放置"面板中的"垂直柱"按钮。在选项栏中，对柱子的上下边界进行设定。程序默认选择"深度"（"高度"表示自本标高向上的界限；"深度"表示自本标高向下的界限，具体设定结合案例工程及个人操作习惯），由于本案例工程在布置KZ1时，进入的结构一层平面，故需将"深度"改为"高度"，将延伸高度改为"二"，使得KZ1的上下边界为"−0.100~4.150"（图 4.1-4）。

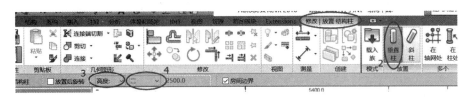

图 4.1-4 柱布置高度修改

※ 注意：① 如果在延伸高度选项栏中选择"无连接"，需要在右侧的框中输入具体的数值。"无连接"是指该构件向上或向下的具体尺寸，是一个固定值，在标高修改时，构件的高度保持不变。用户不能输入 0 或负值，否则系统会弹出警示，要求用户输入小于9144000mm 的正值。

② 用户只能在平面中放置结构柱。在放垂直柱时，柱子的一个边界便已经被固定在该平面上，且会随该平面移动。

③ 选择"高度"时，后面设定的标高一定要比当前标高平面高。同样地，当选择"深度"时，后面设定的标高一定要比当前标高平面低。否则程序无法创建，并会出现警告框（图 4.1-5）。

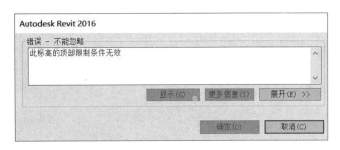

图 4.1-5 标高错误提示框

2. 放置柱

在视图中放置结构柱，可以一个一个地将柱子放置在所需要的位置。

如果几条轴网交点的柱子类型、位置相同，可框选布柱子。点击"修改 | 放置结构柱"选项卡中的"多个"面板下的"在轴网处"按钮（图 4.1-6）。选择需要放置柱子处的两条相交轴网，按"Ctrl"键可以继续选择轴网，程序会在选择好的轴网处生成柱子的预览。也可以框选多根轴线，框选时可以配合"Ctrl"键。选择好后，点击"修改 | 放置结

构柱 > 在轴网交点处"选项卡中的"完成"按钮，完成放置（图 4.1-7）。

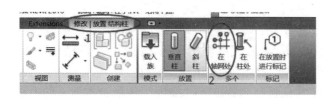

图 4.1-6　连续放置柱选项卡

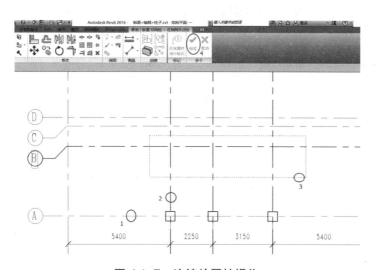

图 4.1-7　连续放置柱操作

3. 放置后旋转

在平面视图放置垂直柱，程序会显示柱子的预览。如果需要在放置时完成柱的旋转，则要勾选选项栏的"放置后旋转"，点击放置后拖动鼠标选择角度，或输入数值选择角度（图 4.1-8）。

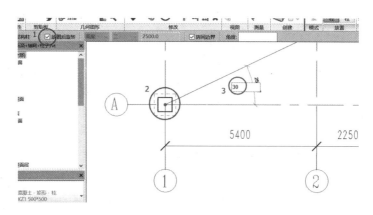

图 4.1-8　放置后旋转

如果放置旋转的角度为整数角度，可将柱拖拽到所需放置位置后，无需点击放置。按空格键旋转角度，每按一下空格键，柱子都会旋转，与选定位置处的相交轴网对齐，若没有轴网，按空格键时柱子会旋转 90°。

4. 柱偏移

完成柱的布置后，对部分不在轴线交界点的柱子进行相应的偏移处理。以案例工程 L 轴与 16 轴交汇的 KZ4 为例：点击绘制完成的 KZ4，按空格键更改柱边线距离相应参照点的距离，确定好相应参照点后，结合图纸对柱子进行偏移。本案例工程中的 KZ4 自 L 轴与 16 轴交汇处向左偏移 50mm，向上偏移 50mm（图 4.1-9）。

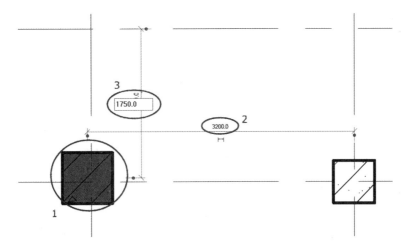

图 4.1-9　柱偏移

5. 柱属性编辑

完成柱放置后，可根据图纸实际情况，更改柱子相应属性。柱参数的含义，详细介绍如下：

（1）柱定位标记：轴网上垂直柱的坐标位置，此项不可手动修改数值，软件根据柱子的布置位置自动给出相应的数值。

（2）底部标高：柱底部标高的限制。绘制柱子时如果选择"高度"，则该项默认为所在平面；如果选择"深度"，则该项默认为目标平面。

（3）底部偏移：从底部标高到底部的偏移。输入正值为向上偏移，输入负值为向下偏移。

（4）顶部标高：柱顶部标高的限制。与底部标高默认值相反。

（5）顶部偏移：从顶部标高到顶部的偏移，输入正值为向上偏移，输入负值为向下偏移。

（6）柱样式："垂直"、"倾斜—端点控制"或"倾斜—角度控制"。指定可启用类型特有修改工具的柱的倾斜样式。

（7）随轴网移动：将垂直柱限制条件框选。结构柱会固定在该交点处，若轴网位置发生变化，柱会跟随轴网交点的移动而移动。

（8）房间边界：将柱限制条件改为房间边界条件。

（9）结构材质：定义该构件的材质，本案例工程更改材质的具体方法在 4.4.1 中已经详细解释。

（10）启用分析模型：显示分析模型，并将它包含在分析计算中。默认情况下处于选中状态。

（11）钢筋保护层—顶面 & 底面 & 其他面：只适用于混凝土柱。设置与柱外表面间的钢筋保护层厚度。

（12）体积：所选柱的体积。该值为只读。

4.1.3 导入 CAD 底图布置柱

柱子除了可以对照图纸布置外，还可以将已经设计好的 CAD 底图导入 Revit 软件中，在软件中根据图纸底图点击布置就可以。

打开"插入"选项卡中的"导入 CAD"选项按钮，在弹出的"导入 CAD 格式"对话框中找到已经分割好的 CAD 底图，"导入单位"切记一定要选为"毫米"，以保证 CAD 底图与模型单位和大小一致（图 4.1-10）。

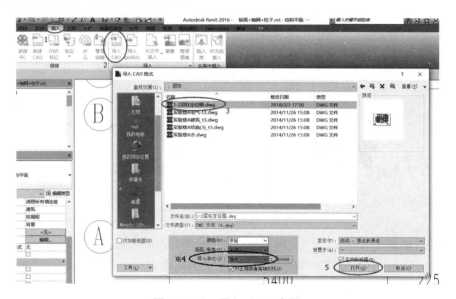

图 4.1-10 导入 CAD 底图

CAD 底图导入后，需对底图进行处理。首先需要将 CAD 底图与模型重合，点击 CAD 图纸任意一点，在"修改"选项卡中点击"解锁"按钮（图 4.1-11）。

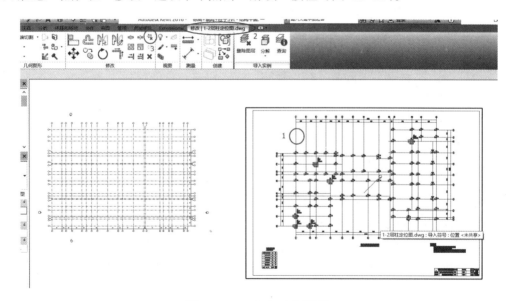

图 4.1-11 CAD 底图解锁

解锁后点击"移动"按钮，选择 CAD 底图中的 A 轴与 1 轴交汇点，拖动鼠标至模型 A 轴与 1 轴交汇初，点击确认（图 4.1-12）。

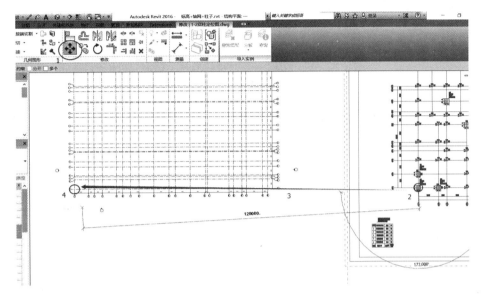

图 4.1-12　CAD 底图移动

移动完成后，为保证在创建模型过程中，不出现 CAD 底图错位移动，需将移动后的 CAD 底图锁定。点击 CAD 底图的任意一点，选择后点击"修改"选项卡中的"锁定"按钮（图 4.1-13）。

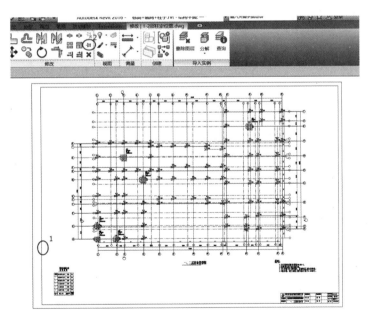

图 4.1-13　CAD 底图锁定

导入底图后，创建柱与布置柱的方法与上文所介绍的相同。绘制完成本层相关构件后，应解锁图纸，并删除图纸，以保证 Revit 软件的顺利实施及为下一步操作做出铺垫。

4.1.4 案例工程成果展示

请各位同学按照以上所讲授内容，绘制案例工程一层柱模型（图 4.1-14）。

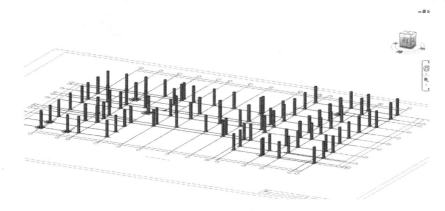

图 4.1-14　一层柱成果图

4.2　绘制梁

梁构件仅指结构专业中的结构梁，主要用于承载板构件所传输的力，经由结构梁将受力传于结构柱，起到整体结构承重作用。在 Revit 模型创建过程中，如果需要对建筑整体模型进行创建，就必须绘制相应的结构梁，才能保证建筑的整体性。本书围绕实际案例工程，介绍结构梁的建立与绘制。

4.2.1　梁的创建

在进行梁建模之前，需对梁进行类型创建与属性编辑。根据案例工程图纸举例创建 KL1。

1. 结构梁族载入

点击"结构"选项卡中的"梁"功能按钮，在"属性"面板点击"编辑类型"，在弹出的"类型属性"对话框中点击"载入"按钮，加载相应的结构梁系统族。在弹出的系统族"打开"对话框中找到"结构 / 框架 / 混凝土 / 混凝土—矩形梁"，点击打开（图 4.2-1）。

2. 梁尺寸属性编辑

在载入梁族完成后，无需点击"确定按钮"。结合案例图纸《地梁配筋图》中左上角第一根梁 KLA-25 相关信息，在在"类型属性"对话框中点击"复制"按钮，新建 KLA-25 梁大类（※ 注意：不可点击"重命名"，重命名按钮为对上一类型进行名称更改，无法实现新建的目的）。在弹出的"名称"对话框中输入新类型名称"KLA-25（4）300*700"。完成 KLA-25 的新建后，需对 KLA-25 的尺寸参数进行修改，点击"尺寸标注"中的"b"、"h"对话框，将其数值改为 300、700（图 4.2-2）。

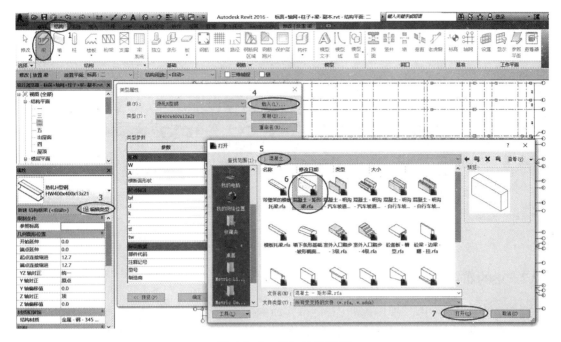

图 4.2-1　载入结构梁族

图 4.2-2　梁尺寸属性编辑

3. 梁材料属性编辑

完成 KLA-25 的建立及截面尺寸编辑后，为减少后续工作量，需在此处对 KLA-25 的材料属性进行设置。点击"属性"对话框中的"结构材质"按钮旁的小三点按钮，进入"材料浏览器"对话框后，选择"混凝土—现场浇注混凝土"材料类型。修改"表面填充图案"与"截面填充图案"，在弹出的"填充样式"对话框中选择"混凝土—钢混凝土"，点击确定完成材料编辑（图 4.2-3）。

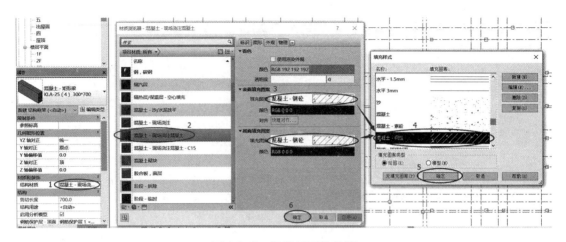

图 4.2-3　梁材料属性编辑

4.2.2　梁的布置

绘制案例工程中的《地梁配筋图》，首先需确定地梁所在高度。Revit 软件中的层仅代表相应的高度，不代表具体的层。根据图纸可以看出，地梁的高度为"-0.100"，所以绘制地梁模型应进入"结构一层"进行绘制。

1. 绘制方法选择

双击进入"项目浏览器"中的"结构平面"一层。启动梁命令后，上下文选项卡"修改｜放置梁"中，出现绘制面板。面板中包含了不同的绘制方式，依次为"直线"、"起点—终点—半径弧"、"圆心—端点弧"、"相切—

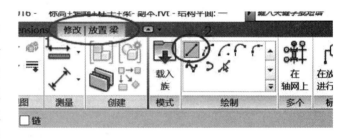

图 4.2-4　梁绘制界面

端点弧"、"圆角弧"、"样条曲线"、"半椭圆"、"拾取线"以及可以放置多个梁的"在轴网上"。一般使用直线方式绘制梁（图 4.2-4）。

2. 梁绘制状态栏参数设定

在绘制梁前，需对"状态栏"中的相关参数进行编辑，具体编辑方法与说明如下：

（1）放置平面：系统会自动识别绘图区当前标高平面，不需要修改。

（2）结构用途：这个参数用于指定结构的用途，包含"自动"、"大梁"、"水平支撑"、"托梁"、"其他"和"檩条"。系统默认为"自动"，会根据梁的支撑情况自动判断，用户也可以在绘制梁之前或之后修改结构用途。结构用途参数会被记录在结构框架的明细表中，方便统计各种类型的结构框架的数量（图 4.2-5）。

图 4.2-5　梁绘制状态栏参数设定（一）

（3）三维捕捉：勾选"三维捕捉"，可以在三维视图中捕捉到已有图元上的点，从而便于绘制梁，不勾选则捕捉不到点（图4.2-6）。

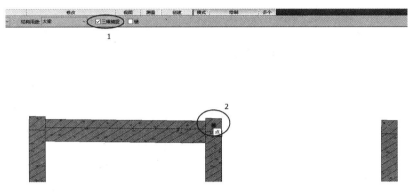

图4.2-6　梁绘制状态栏参数设定（二）

※注意：如果在平面视图下绘制梁，不可点击"三维捕捉"，在平面视图下三维捕捉可能造成对应的识别点出错，系统将会报"视图不可见"错误（图4.2-7）。

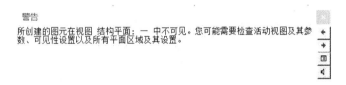

图4.2-7　"视图不可见"错误

（4）链：勾选"链"，可以连续地绘制梁，若不勾选，则每次只能绘制一根梁，即每次都需要点选梁的起点和终点。当梁较多且连续集中时，推荐使用此功能（图4.2-8）。

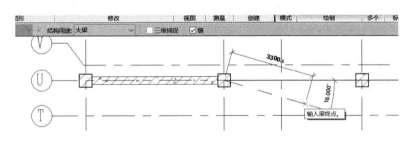

图4.2-8　梁绘制状态栏参数设定（三）

3. 梁绘制属性参数设定

绘制梁前可以在"属性"面板中修改梁的实例参数，也可以在放置后修改这些参数。下面对"属性"面板中一些主要参数进行说明。

（1）参照标高：标高限制，取决于放置梁的工作平面。

（2）YZ轴对正：包含"统一"和"独立"两种。使用"统一"可为梁的起点和终点设置相同的参数。使用"独立"可为梁的起点和终点设置不同的参数。如果梁的起点与终点标高一致，则选择"统一"；如果标高不一致，则选择"独立"，对其起点与重点分开操作（图4.2-9）。

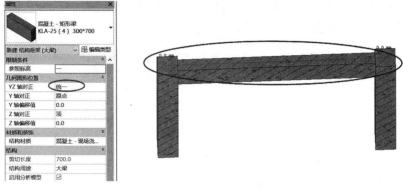

图 4.2-9　YZ 轴对正选择（一）

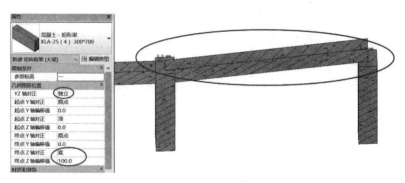

图 4.2-9　YZ 轴对正选择（二）

（3）结构用途 & 保护层厚度：用于指定梁的用途及梁钢筋距离外表面的距离。案例中对 KLA-25 的基本设定如图 4.2-10 所示。

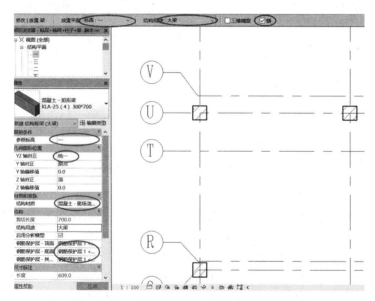

图 4.2-10　案例工程 KLA-25 基本属性设定

4. 梁绘制及绘制后调整

在结构平面视图的绘图区绘制梁，点击选取梁的起点，拖动鼠标绘制梁线，至梁的终点再点击，完成一根梁的绘制。在绘制梁时要注意一定是"从左向右，自下而上"的绘制，切不可以随意绘制，该绘制方法对后续结构分析及相关钢筋布置存在一定影响。绘制梁需按照图纸所标相应跨数，整条绘制，切不可以分段绘制梁（图 4.2-11）。

图 4.2-11　案例工程 KLA-25 的绘制

梁添加到当前标高平面，梁的顶面位于当前标高平面上。用户可以更改竖向定位，选取需要修改的梁，在属性对话框中设定起点终点的标高偏移：正值向上，负值向下，单位为毫米。本案例工程中 KLA-25 的标高为"-0.400"，所以需要对其进行向下偏移 300mm 的处理。处理方法为现选定所需调整的梁构件，输入"起点标高偏移"与"终点标高偏移"的数值"-300"，完成后点击应用确认（图 4.2-12）。

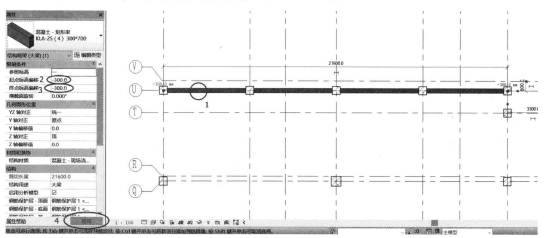

图 4.2-12　案例工程 KLA-25 的绘制后调整

5. 梁偏移

完成梁的绘制后，对部分不在轴线上的梁进行相应的偏移处理。以案例工程 KLA-25 为例，使 KLA-25 的上边线与柱上边线重叠。点击绘制完成的 KLA-25，在"修改 | 结构框架"选项卡中选择"对齐"按钮，在绘图区域首先点击柱上边线，然后点击梁上边线（图 4.2-13）。

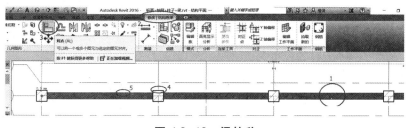

图 4.2-13　梁偏移

4.2.3 导入 CAD 底图布置梁

梁除了可以对照图纸布置外，还可以将已经设计好的 CAD 底图导入 Revit 软件中，在软件中根据图纸底图点布就可以。

打开"插入"选项卡中的"导入 CAD"选项按钮，在弹出的"导入 CAD 格式"对话框中找到已经分割好的 CAD 底图，"导入单位"切记一定要选为"毫米"，以保证 CAD 底图与模型单位和大小一致（图 4.2-14）。

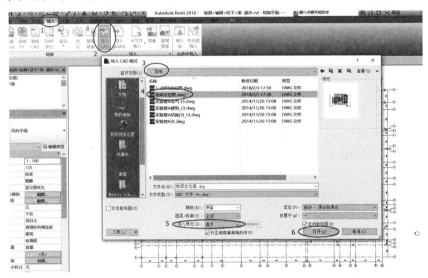

图 4.2-14　导入 CAD 底图

CAD 底图导入后，需对底图进行处理。首先需要将 CAD 底图与模型重合，点击 CAD 图纸任意一点，在"修改"选项卡中点击"解锁"按钮（图 4.2-15）。

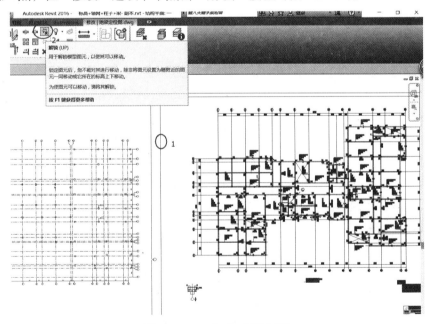

图 4.2-15　CAD 底图解锁

解锁后点击"移动"按钮，选择 CAD 底图中的 A 轴与 1 轴交汇点，拖动鼠标至模型 A 轴与 1 轴交汇处，点击确认（图 4.2-16）。

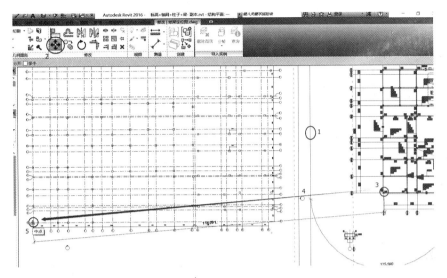

图 4.2-16　CAD 底图移动

移动完成后，为保证在创建模型过程中，不出现 CAD 底图错位移动，需将移动后的 CAD 底图锁定。点击 CAD 底图的任意一点，选择后点击"修改"选项卡中的"锁定"按钮（图 4.2-17）。

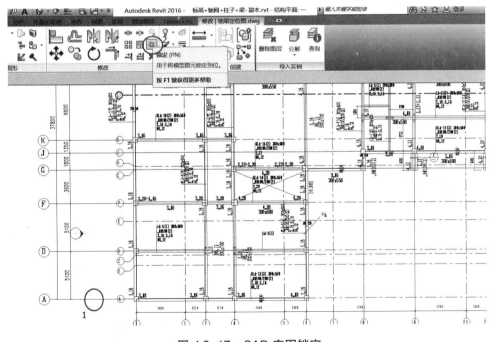

图 4.2-17　CAD 底图锁定

导入底图后，创建梁与布置梁的方法与上文所介绍的相同。绘制完成本层相关构件后，应解锁图纸，并删除图纸，以保证 Revit 软件的顺利实施及为下一步操作做出铺垫。

4.2.4 案例工程成果展示

请各位同学按照以上所讲授内容，绘制案例工程地梁和一层梁模型（图 4.2-18 和图 4.2-19）。

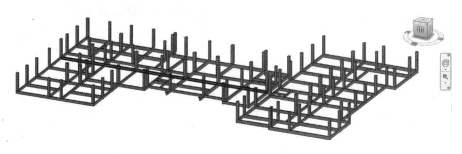

图 4.2-18 地梁成果图

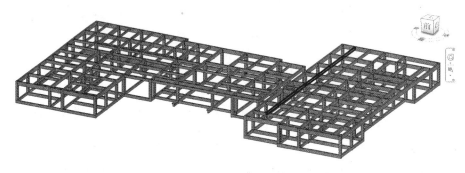

图 4.2-19 一层梁成果图

4.3 绘制板

楼板是建筑物中重要的水平构件，起到划分楼层空间与基本承重的双重作用。在 Revit 中楼板属于平面草图绘制构件，与之前创建单独构件的绘制方式不同。

楼板是系统族，无需自建楼板族。在 Revit 中提供了四个楼板相关的命令：建筑楼板、结构楼板、面楼板、楼板边。建筑楼板主要用于绘制单独建筑专业时，起到划分楼层空间作用，建筑板并非真正的楼板，而仅起到示意作用；结构楼板是在做全专业模型时使用的板，是通常意义上起到承重作用的板，结构板可以布置钢筋。

4.3.1 板的创建

在进行板建模之前，需对板进行创建与属性编辑。根据案例工程图纸举例创建一层 120mm 顶板绘制方法。

结合案例工程结构图纸，找到《一层顶板配筋图》，观察一层顶板的高度为"4.150"，故在绘制一层结构顶板时，应进入 Revit 软件中的"结构二层"平面进行绘制。

1. 新建楼板

首先双击进入到结构二层平面，点击"结构"选项卡中的"楼板"下拉菜单，点击

"楼板:结构"功能按钮。在"属性"功能菜单中点击"编辑类型",在弹出的"类型属性"对话框中点击"复制"按钮新键楼板"一层顶板 120mm"(图 4.3-1)。

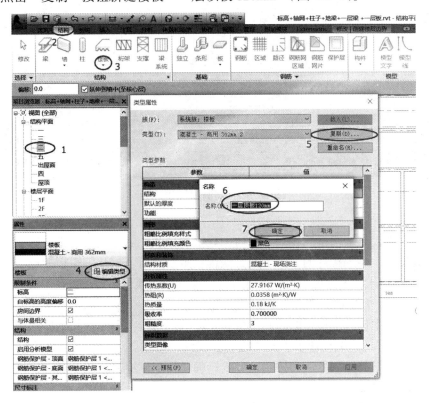

图 4.3-1 新建板

2. 编辑板结构

完成板创建后,点击"类型属性"对话框中的"编辑…"按钮,进入"编辑部件"对话框,对楼板的结构进行编辑。因为本次举例绘制的是一层顶结构板,故仅留核心层中的混凝土结构层即可,其他面板删除。删除完成后将核心层的厚度改为"120mm"(图 4.3-2)。

4.3.2 板的绘制

1. 板识图

在绘制结构板前,为了保证所建模型的精准度与可布置钢筋性,需要结合图纸,识别所绘制板的边界及大小。判断板大小及边界的方法通常为:找到结构板配筋图,观察一个区域内的受力底筋或受力面筋,受力底筋或受力面筋所围合形成的区域,就是一块板的边界。以本案例工程图纸为例,举例说明(图 4.3-3)。

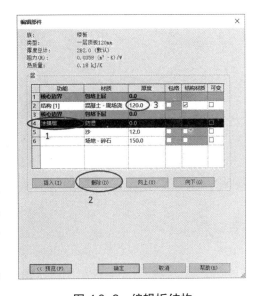

图 4.3-2 编辑板结构

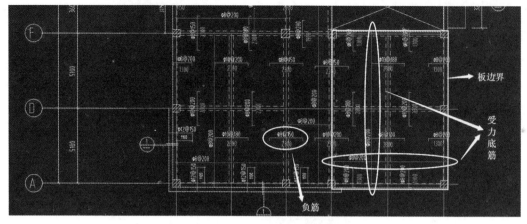

图 4.3-3　案例识别板边界

2. 板绘制

在新建、修改完结构板的相关属性后，观察"修改 | 创建楼板边界"选项卡。需要注意该选项卡与柱、梁等构件的"上下文关联选项卡"有所不同，编辑板的选项卡称为"在位选项卡"。当进入在为选项卡后，不可直接切换其他选项卡，需点击在位选项卡中的"对勾"或"叉"后，方可推出该选项卡。

在为选项卡中包含了楼饭的绘制命令。在进入"修改 | 创建楼板边界"选项卡后默认选择为"边界线"，其中包含了绘制楼板边界线的"直线"、"矩形"、"多边形"、"圆"等工具。通常情况下的绘制方法为按照边界线轮廓，用矩形绘制按钮绘制结构板，通过观察该案例工程的板边延伸到柱边界，所以终点需绘制到柱边界点（图 4.3-4）。

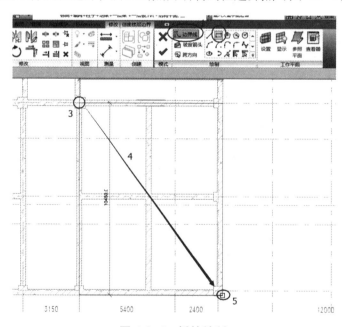

图 4.3-4　板的绘制

※ 注意:（1）由于板的支座为梁，所以在绘制板的时候，应尽量使板边界进入梁内，软件会根据相应的计算规则扣减。

（2）绘制板时，每绘制完成一块板，均需点击"在位选项卡"中的对勾确认，如果未点击对勾连续绘制板，软件将会将所绘制的板识别成一块。

3. 板标高修改

如果某些板的标高与所绘制标高不一致，需对其进行标高偏移。点击绘制好的结构楼板，在左侧属性菜单中找到"自标高的高度偏移"，在其对话框内输入相应的偏移数值（图4.3-5）。

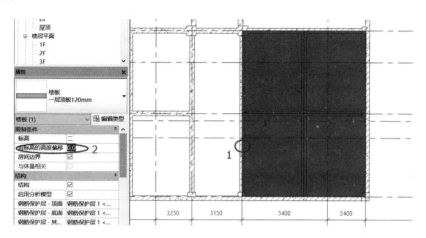

图 4.3-5　板标高修改

4.3.3　案例工程成果展示

请各位同学按照以上所讲授内容，绘制案例工程一层顶结构板模型（图4.3-6）。

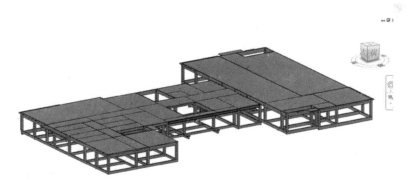

图 4.3-6　板标高修改

4.4　绘制墙体

墙体不仅是建筑空间的分隔主体，而且也是门窗、墙饰条与分割缝、卫浴灯具等设备的承载主体，在创建门窗等构件之前需要先创建墙体。同时墙体构造层设置及其材质设置，不仅影响着墙体在三维、透视和立面视图中的外观表现，更直接影响着后期施工图设计中墙身大样、节点详图等视图中墙体截面的显示。

本节介绍墙体模型创建，在进行墙体创建时，需要根据墙的用途及功能，例如墙的高度、墙体构造、内外墙的区别等，创建不同墙体类型和定义不同的属性。本书围绕实际案例工程，主要介绍结构柱的建立与绘制。

4.4.1 墙体的创建

1. 墙体概述

在 Revit 中创建墙体模型可以通过功能区中的"墙"命令来创建。进入平面视图中，单机"建筑"选项卡→"构件"面板→"墙"下拉按钮（图 4.4-1）。

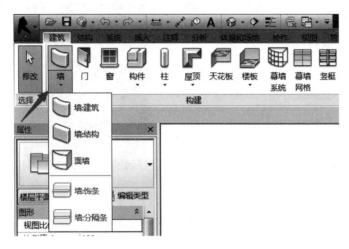

图 4.4-1 墙菜单

Revit 提供了建筑墙、结构墙和面墙三种不同的墙体创建方式，以及"墙：饰条"、"墙：分隔条"创建，"墙：饰条"、"墙：分隔条"只有在三维的视图下才能激活亮显，用于墙体绘制完成后添加。

建筑墙：主要用于分割空间，不承重，主要用来绘制建筑中的填充墙、隔墙。

结构墙：绘制方法与建筑墙完全相同，但使用结构墙工具创建的墙体，可以在结构专业中为墙图元指定结构受力计算模型，并配置钢筋，因此该工具可以用于创建剪力墙等墙图元。

面墙：根据体量或者常规模型表面生成墙体图元。

2. 墙体创建

在进行墙体建模之前，需对墙体进行类型创建与属性编辑。根据案例工程图纸举例创建外墙、内墙。墙体属性和类型点击"建筑"选项卡中的"墙"功能按钮，功能区显示"修改｜放置墙"面板（图 4.4-2）。

图 4.4-2 修改｜放置墙

在"绘制"面板中，可以选择绘制墙的工具。该工具包括默认的"直线"、"矩形"、"多边形"、"圆形"、"弧形"等工具。其中需要注意的是两个工具：一个是"拾取线 ✓"，使用该工具可以直接拾取视图中已创建的线来创建墙体；另一个是"拾取面 "，该工具可以直接拾取视图中已经创建体量面或是常规模型面来创建墙体。

　　单击"墙"按钮后，在"属性"面板中选择"基本墙"——"常规 200mm"来修改创建案例中外墙（图 4.4-3）。

　　复制创建"仿砖真石漆涂料外墙 200mm"。单击"属性"面板中的"编辑类型"按钮，在弹出的"类型属性"对话框中单击"复制"按钮，在弹出的"名称"对话框中输入"仿砖真石漆涂料外墙 200mm"，单击"确定"按钮返回"类型属性"对话框（图 4.4-4）。

图 4.4-3　选择基本墙　　　　　　　　　图 4.4-4　复制墙体

　　编辑墙体"结构 [1]"材质。在"类型属性"对话框中点击"结构"一栏中的"编辑"（图 4.4-5)，出现"编辑部件"对话框，在"编辑部件"对话框中单击"结构 [1]"对应的"材质"，在弹出的材质浏览器对话框中，选择"混凝土砌块"，单击"确定"按钮返回"编辑部件"对话框，厚度修改为 190（图 4.4-6）。

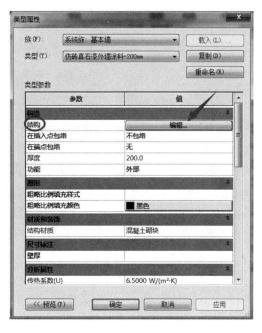

图 4.4-5　墙体属性定义

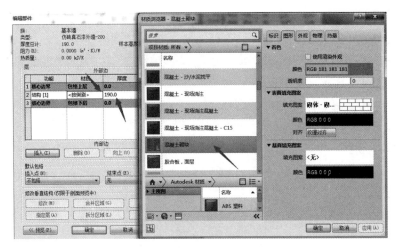

图 4.4-6　编辑"结构 [1]"材质

添加"保温层 / 空气层"功能。在"编辑部件"对话框，单击"插入"—"向上"按钮，在"功能"参数下将"结构 [1]"改为"保温层 / 空气层"（图 4.4-7）。

图 4.4-7　添加"保温层 / 空气层"

编辑"保温层 / 空气层"材质。在"编辑部件"对话框中单击"保温层 / 空气层"对应的"浏览"按钮，在弹出的"材质浏览器"对话框中，选择"隔热层 / 保温层 – 空心填充"，将其复制后将保温层材质重命名为"A 级改性酚醛保温板"，将其填充图案改为"对角交叉线 1.5mm"，单击"确定"按钮返回"编辑部件"对话框，在厚度位置处改为"80mm"（图 4.4-8）。

添加"面层 1[4]"水泥砂浆功能。在"编辑部件"对话框，单击"插入"—"向上"按钮，在"功能"参数下将"结构 [1]"改为"面层 1[4]"，点击"编辑部件"对话框中"面层 1[4]"材质浏览按钮，弹出"材质浏览器"对话框，复制"默认"材质，将其复制后的材质重命名为"水泥砂浆"（图 4.4-9）；编辑"水泥砂浆"材质图，在"材质浏览器"

对话框中"截面填充"选择"砂浆"，点击确定返回"编辑部件"对话框，将"厚度"修改为 20（图 4.4-10）。

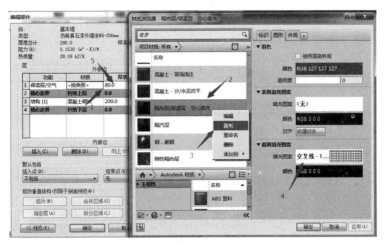

图 4.4-8　"A 级改性酚醛保温板"材质创建

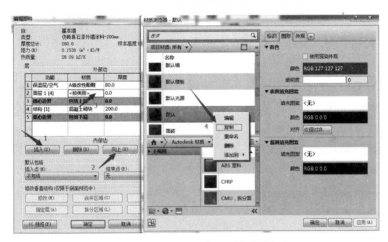

图 4.4-9　添加"水泥砂浆"材质

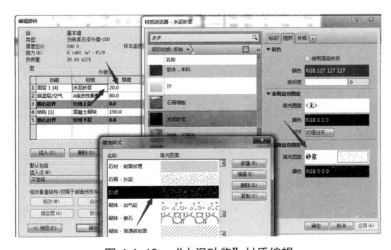

图 4.4-10　"水泥砂浆"材质编辑

添加"衬底 [2]"创建"聚合物水泥砂浆"。在"编辑部件"对话框,单击"插入"—"向上"按钮,在"功能"参数下将"结构 [1]"改为"衬底 [2]",点击"编辑部件"对话框中"衬底 [2]"材质浏览按钮,弹出"材质浏览器"对话框,选择"水泥砂浆",点击确定返回"编辑部件"对话框,将"厚度"修改为 5(图 4.4-11)。

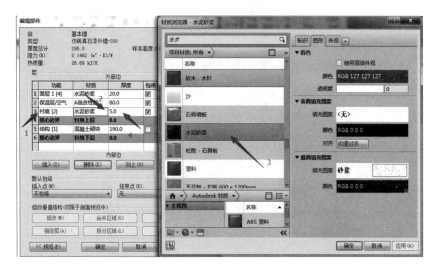

图 4.4-11 "聚合物水泥砂浆"材质定义

添加"面层 2[5]"创建"仿砖真石漆外墙涂料"。在"编辑部件"对话框,单击"插入"—"向上"按钮,在"功能"参数下将"结构 [1]"改为"面层 2[5]",点击"编辑部件"对话框中"仿砖真石漆外墙涂料"材质浏览按钮,弹出"材质浏览器"对话框,复制"默认"材质,将其复制后的材质重命名为"仿砖真石漆涂料";编辑"仿砖真石漆涂料"材质图,在"材质浏览器"对话框中"颜色"选择"褐色",点击确定返回"编辑部件"对话框,将"厚度"修改为 5,点击"类型属性"中"确定"完成案例中"仿砖真石漆涂料"外墙的创建(图 4.4-12)。

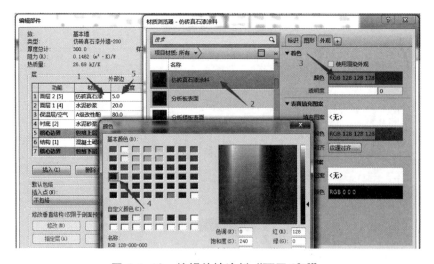

图 4.4-12 编辑外墙涂料"面层 2[5]"

案例中"内墙"类型属性创建方法与"外墙"属性定义创建方法相同，根据图纸中"内墙"构造做法来创建"结构[1]混凝土砌块和"面层1[4]"混合砂浆，完成"内墙200"的定义。

※ 注意：我们在这定义的墙厚是指"核心层"两个核心边界墙体的结构厚度，而在墙体"类型属性"对话框中的"厚度"是所有材质厚度的总和（图4.4-13）。

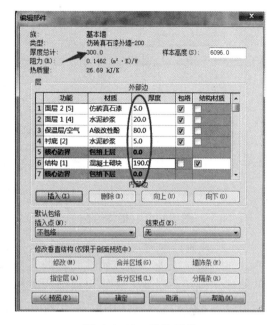

图 4.4-13 墙体厚度

4.4.2 墙体的绘制

1. 墙体的绘制

双击进入"项目浏览器"中的"楼层平面 -1F"。启动"建筑"面板下"墙"命令后，选择刚刚创建好的"仿砖真石漆外墙 -200mm"，在"修改 | 放置墙"选项卡中点击"绘制"面板中的"按直线"按钮绘制本案例工程的外墙、内墙。

在"选项栏"设置"高度"为"2F"，勾选"链"（勾选链可以连续绘制墙），定位线选择"墙体中心线"，设置"偏移量"为"200"（图纸中外墙边线距离轴线偏移50mm，所以墙体中心距离轴线偏移值为200）。"属性"面板中设置"底部限制条件"为"1F"，"底部偏移"为"0"，"顶部约束"为"直到标高: 2F"（图4.4-14）。

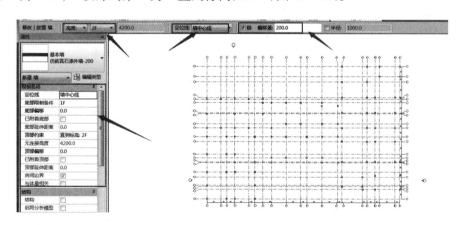

图 4.4-14 "墙"参数设置

单击平面图左下角1轴线与A轴线的交点，沿着垂直方向顺时针方向移动光标，这样能够保证绘制的外墙的外墙面在外侧，参照图纸完成1F外墙体的绘制（图4.4-15）。

对墙体与柱子转角处进行连接修改，点击绘制好的"墙体"，在"修改 | 放置墙"选项卡中"修改"面板中选择"修剪 / 延伸为角"。首先单击与A-1轴线柱竖向垂直的墙体，然后选择水平段墙体，完成墙体转角处的连接；采用相同的方法，将绘制好的外墙与柱连接处连接成整体（图4.4-16）。

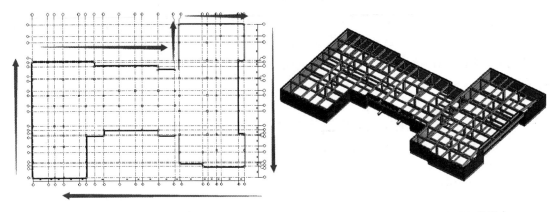

图 4.4-15　墙体绘制　　　　　　　图 4.4-16　一层平面外墙

2. 墙体属性编辑

如图 4.4-17 所示，该属性为墙的实例属性。主要设置墙体的墙体定位线、高度、底部和顶部约束与偏移等，有些参数为暗显，该参数可在三维视图、选中构件、附着时或改为结构墙等情况下亮显。

（1）定位线

与墙体设置选项卡中的定位方式相同。在 Revit 中，墙的核心层指的是其结构层，在单一材质的砖墙中，墙体中心线和核心层中心线平面将会重合，然而它们在复合墙中可能会发生变化。在绘制墙体时，顺时针绘制墙时，其外部面（面层面:外部）默认情况下位于外侧，当墙体绘制完成后如需要调整墙体外侧面朝向时可以通过"翻转控件"↕调整墙体的方向。

※ 注意：墙体定位线是指在平面上的定位线位置，默认为墙中心线，包括核心层中心线、面层面:外部、面层面:内部、核心面:外部、核心面:内部，墙体定位线示意图如图 4.4-18 所示。

图 4.4.17　墙体实例属性

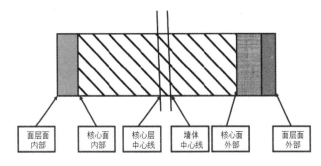

图 4.4-18　墙定位线

（2）底部限制条件 / 顶部约束

表示墙体上下的约束范围。

（3）底 / 顶部偏移

在约束范围的条件下，可上下微调墙体的高度，如果同时偏移 200mm，表示墙体高度不变，整体向上偏移 200mm。+200mm 为向上偏移，–200mm 为向下偏移。

（4）无连接高度

表示墙体顶部在不选择"顶部约束"时高度的设置。

（5）房间边界

在计算房间的面积、周长和体积时，Revit 会使用房间边界。可以在平面视图和剖面视图中查看房间边界。墙则默认为房间边界。

（6）结构

表示该墙是否为结构墙，勾选后，则可用于作后期受力分析。

4.4.3 导入 CAD 底图布置内墙

墙体除了可以注意对照图纸布置外，还可以将已经设计好的 CAD 底图导入 Revit 软件中，在软件中根据图纸底图点击布置就可以。

打开"插入"选项卡中的"导入 CAD"选项按钮，在弹出的"导入 CAD 格式"对话框中找到已经分割好的 CAD 底图，"导入单位"切记一定要选为"毫米"，以保证 CAD 底图与模型单位和大小一致（图 4.4-19）。

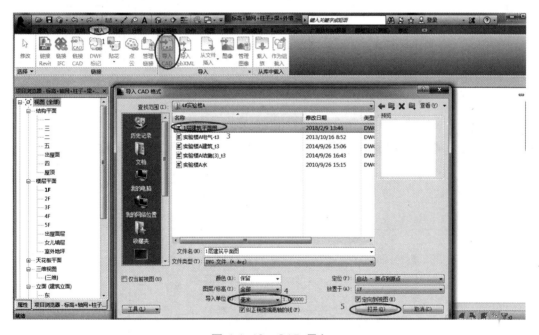

图 4.4-19 CAD 导入

CAD 底图导入后，需对底图进行处理。首先需要将 CAD 底图与模型重合，点击 CAD 图纸任意一点，在"修改"选项卡中点击"解锁"按钮（图 4.4-20）。

解锁后点击"移动"按钮，选择 CAD 底图中的 A 轴与 1 轴交汇点，拖动鼠标至模型 A 轴与 1 轴交汇初，点击确认，移动完成后，为保证在创建模型过程中，不出现 CAD 底图错位移动，需将移动后的 CAD 底图锁定。点击 CAD 底图的任意一点，选择后点击"修改"选项卡中的"锁定"按钮（图 4.4-21 和图 4.4-22）。

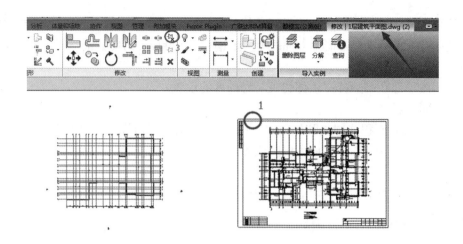

图 4.4-20　解锁 CAD 底图

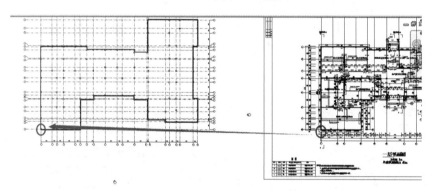

图 4.4-21　CAD 底图移动对齐

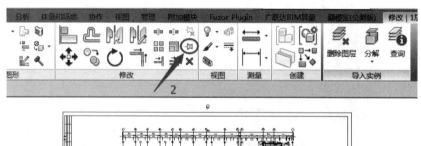

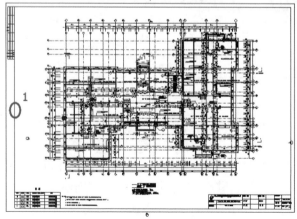

图 4.4-22　锁定 CAD 底图

为了消除 CAD 图中多余图层对绘制的影响，可以将绘制过程中不需要的 CAD 图层删掉，达到简化视图的作用。点击导入的 CAD 底图，在"导入实例"工具面板中选择"删除图层 ＝"，删除图纸中多余的图层（图 4.4-23）。

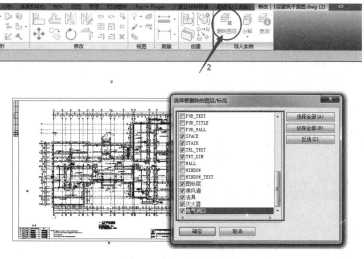

图 4.4-23 删除图层

导入 CAD 底图后，创建、绘制墙体的方法与上面所介绍的相同，请根据图纸完成 1 层墙体的绘制。

4.5 绘制门窗

门窗是建筑中最常用的构件。在 Revi 中提供了少量类型的门窗。一般情况下在项目使用前，都是通过创建自定义门和窗来创建相应的门窗族，然后载入到项目中。门和窗都是以墙、屋顶为主体放置的图元，这种依赖于主体图元而存在的构件称为"基于主体的构件"。本节将以案例工程中的门窗为例，介绍门窗的创建，并学习修改门窗信息的方法。

4.5.1 门窗的创建

在进行门窗绘制之前，需对门窗进行类型创建与属性编辑，在 Revit 中门窗除了具体族的区别以外，创建步骤大体相似，在创建门窗的时候会自动在墙上形成剪切洞口，完成布置。

1. 门的创建及属性修改

（1）门的创建

因 Revit 自带的门族没有案例中对应的门的类型，需要从 Revit 安装所带族库中载入对应的门族（门窗族的路径默认安装在目录 C:Programdata\Autodesk\RVT2016\ libraries），案例中其他门族的创建方法相同，本次以案例中"M1524"、"FM 乙 1824"为例。

创建案例中的"M1524"。点击"建筑"选项卡中的"门"功能按钮，在"属性"面板点击"编辑类型"，在弹出的"类型属性"对话框中点击"载入"按钮，加载相应的门系统族。在弹出的系统族"打开"对话框中找到"建筑 / 门 / 普通门 / 平开门 / 双扇嵌板木门 1"，单击打开（图 4.5-1）。

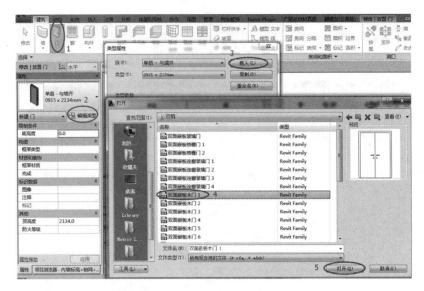

图 4.5-1 "M1524"族的载入

用同样的方法创建案例中的"FM 乙 1824"。点击"建筑"选项卡中的"门"对话框中点击"载入"按钮，加载相应的门系统族。在弹出的系统族"打开"对话框中找到"建筑/门/普通门/平开门/双扇嵌板镶玻璃门 4"，单击打开（图 4.5-2）。

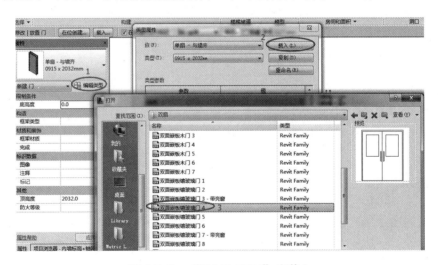

图 4.5-2 "FM 乙 1824"族载入

（2）门属性编辑

在载入门族完成后，无需点击"确定按钮"，直接在"类型属性"对话框中点击"复制"按钮（※注意：在"类型属性"对话框中修改门窗尺寸，在视图中所有同类型名称的门窗尺寸都会跟着变化，如果只是想修改其中一个门尺寸，建议复制一个新类型并在新类型中进行修改），在弹出的"名称"对话框中输入新名称"M1524–1500×2400mm"（图4.5-3）。完成"M1524"的新建后，需对"M1524"的尺寸参数进行修改，点击"尺寸标注"中的"高度"将其数值改为 2400，在"标识数据"中"类型标记"修改为"M1524"，其他参数不做修改（图 4.5-4）。

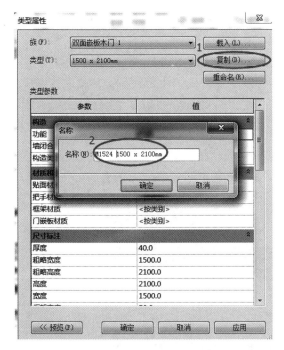

图 4.5-3　门名称修改

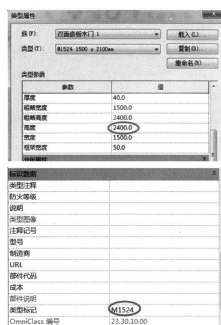

图 4.5-4　"M1524"参数编辑

用同样的方法在"类型属性"对话框中选择"双扇嵌板镶玻璃门 4"。点击"复制"按钮，在弹出的"名称"对话框中输入新名称"FM 乙 1824-1800×2400mm"，点击"尺寸标注"中的"高度"将其数值改为 2400，宽度修改为 1800，在"标识数据"中"类型标记"修改为"FM 乙 1824"，完成"FM 乙 1824"的创建。

2. 窗的创建及属性修改

（1）窗的创建

窗的创建方法与门的完全相似。首先载入对应的窗族，然后对其属性进行修改，本次以案例中"C1824"创建为例讲解窗的创建。

点击"建筑"选项卡中的"窗"功能按钮，在"属性"面板点击"编辑类型"，在弹出的"类型属性"对话框中点击"载入"按钮，加载相应的窗系统族。在弹出的系统族"打开"对话框中找到"建筑 / 窗 / 普通窗 / 组合窗 / 双层三列—上部三扇"，单击打开（图4.5-5）。

图 4.5-5　窗载入

（2）窗的属性编辑

在载入窗族完成后，直接在"类型属性"对话框中点击"复制"按钮，在弹出的"名称"对话框中输入新名称"C1824-1800×2400"。完成"C1824"的新建后，点击"尺寸标注"中的"高度"将其数值改为2400，宽度修改为1800，上部窗扇高度修改为900，在"标识数据"中"类型标记"修改为"C1824"，点击"预览"可以在查看在三维中的样式，完成窗"C1824"创建（图4.5-6）。其余类型窗的创建方法与此相同，自行完成其余窗的创建及属性编辑。

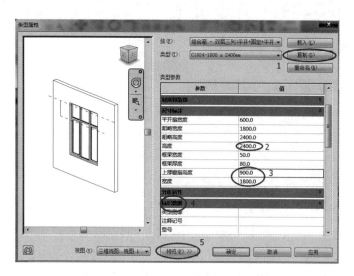

图4.5-6　"C1824"窗属性编辑

4.5.2　门窗的布置

1.门的布置

打开之前创建好墙体的模型文件，双击进入"项目浏览器"中的"楼层平面 -1F"。启动"建筑"面板下"门"命令后，选择刚刚创建好的"M1524 1500×2400"，在"修改 | 放置门"选项卡中点击"标记"面板中的"在放置时进行标记 🗖"按钮，可以将放置的门进行标记。如果在放置门窗时，未勾选"在放置时进行标记"，还可以在"注释"选项卡中"标记"面板，选择按"类别标记"或"全部标记"将光标移到3~4轴线与F轴线相交的墙上，此时光标会由圆形禁止符号变为十字光标，同时会出现一个临时尺寸标注（图4.5-7）。

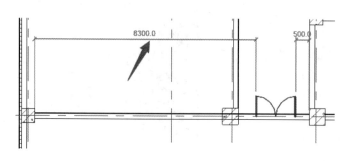

图4.5-7　门临时尺寸标注

托拽临时尺寸线中的标注点，调整临时尺寸线的起始点，调整门的距轴线③ 850 的位置，完成门的布置（图 4.5-8）。

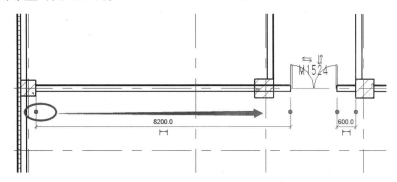

图 4.5-8 门位置定位

当想改变门开启方向时，单击门上蓝色翻转按钮或空格键可以更改门的方向（图 4.5-9），从项目浏览器切换到三维视图中，可以看到门在三维中的显示（图 4.5-10）。

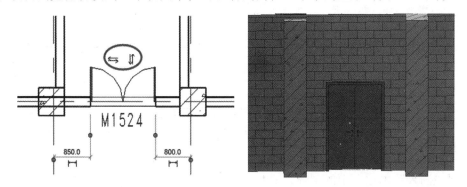

图 4.5-9 门控件   图 4.5-10 门三维显示

将光标移到 15 轴线与 C 轴线相交的墙上，"修改丨放置门"选项卡中选择标记"垂直"，根据门所在的位置完成"FM 乙 1824"布置（图 4.5-11）。

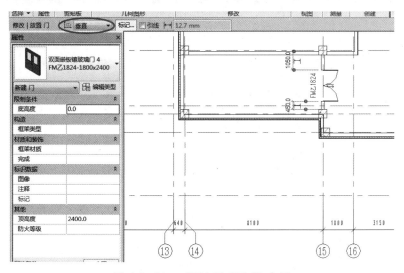

图 4.5-11 "FM 乙 1824"布置

2. 窗的布置

启动"建筑"面板下"窗"命令后，选择刚刚创建好的"C1824 1800×2400"，在"修改 | 放置窗""标记"选项卡中点击"在放置时进行标记"，在选项栏中选择"水平"，在"属性"菜单"限制条件"中"底高度"设置为"900"，将光标移到 1 轴线与 A 轴线相交的墙上，此时光标会有圆形禁止符号变为十字光标，同时会出现一个临时尺寸标注，放置窗后，修改左侧临时尺寸线距离 1 轴数值为 300，完成"C1824"窗布置（图 4.5-12）。

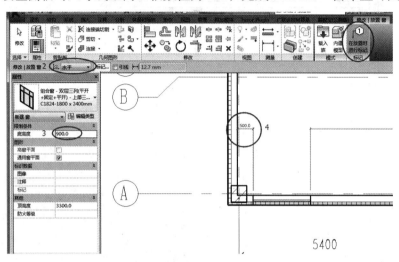

图 4.5-12　"C1824"窗布置

4.5.3　导入 CAD 底图布置门窗

打开"插入"选项卡中的"导入 CAD"选项按钮，在弹出的"导入 CAD 格式"对话框中找到已经分割好的 CAD 底图，"导入单位"切记一定要选为"毫米"，以保证 CAD 底图与模型单位和大小一致（图 4.5-13）。

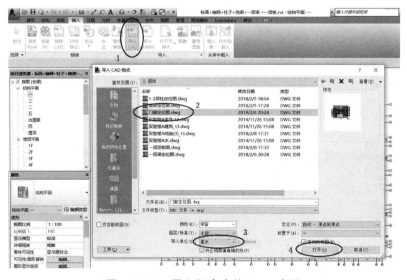

图 4.5-13　导入门窗定位 CAD 底图

4.6　绘制楼梯

在 Revit 中楼梯与扶手均为系统族，楼梯主要包括梯段和平台部分，楼梯的绘制也分为"按构件"和"按草图"两种方式。建议创建楼梯时使用"按构件"方式，该方式可以直接放置梯段和平台，并且其在编辑的时候也可以使用"编辑草图"命令。

栏杆扶手可以直接在绘制楼梯或者坡道等主体时一起创建，也可以直接在平面中绘制路径来创建。

本节将以案例项目中 1 号、2 号楼梯为例讲述创建楼梯、扶手等构件的步骤，详细介绍这些构件的创建和编辑方式。

在 Revit 中创建楼梯模型可以通过【楼梯坡道】面板中【楼梯】命令来创建，Revit 提供了："按构件"和"按草图"两种创建方式。一般情况下建议创建楼梯时使用"按构件"方

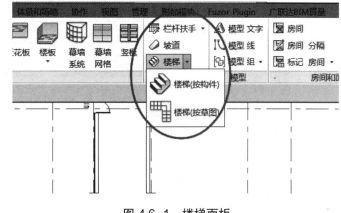

图 4.6-1　楼梯面板

式，可以直接放置梯段和平台，对于复杂楼梯采用"按草图"方式创建楼梯（图 4.6-1）。

4.6.1　楼梯识图

在进行楼梯建模之前，需对楼梯进行创建与属性编辑。根据案例工程图纸举例 1 号和 2 号楼梯的创建。

打开对应的 2 号楼梯图纸。在"一层平面图"及"剖面图"中可以看出共有踢面数为 28 个，梯段的宽度为 1650mm，踏面宽度为 300mm，踏步高为 150mm，梯井宽度为 200mm，中间平台宽度为 2100mm，栏杆高度为 1050mm（图 4.6-2）。

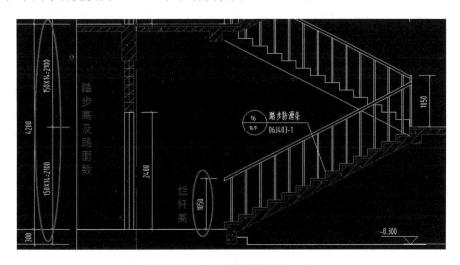

图 4.6-2　2 号楼梯读图（一）

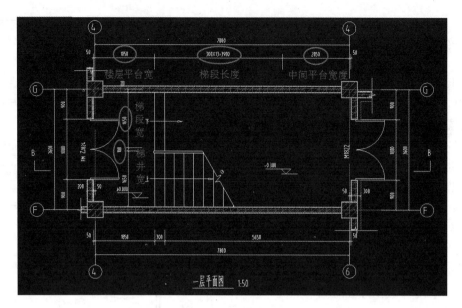

图 4.6-2 2 号楼梯读图（二）

4.6.2 2 号楼梯创建

在绘制楼梯前，根据图纸中楼梯梯段位置首先进行楼梯的定位，建立参照平面来确定楼梯的起始位置，点击功能面板中"工作平面"选择"参照平面"，建立四个参照平面分别为距 4 轴 1850，距 6 轴 2050，距 G 轴 825，距 F 轴 825（图 4.6-3）。

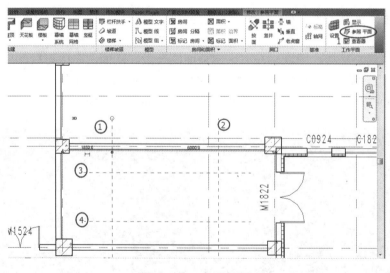

图 4.6-3 参照平面

打开绘制的模型，切换到 1F 平面图。点击"建筑"选项卡中的"楼梯"功能按钮，选择"楼梯（按构件）"，功能区显示"修改 | 创建楼梯"面板，包括"梯段绘制"、"平台绘制"、"支座绘制"（图 4.6-4）。

在"修改 | 创建楼梯"面板中，单击"梯段"中的"直梯" ▭ ，在"属性"栏中选择

"整体浇筑楼梯"，底部标高设置为"1F"，顶部标高设置为"2F"，在尺寸标注中将踢面数设置为 28，踏板深度设置为"300"（图 4.6-5）。

图 4.6-4　楼梯工具

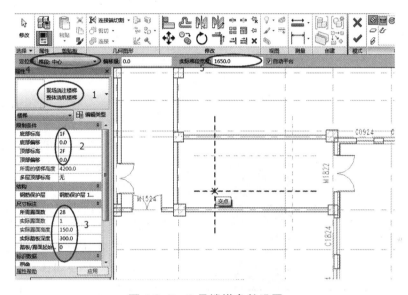

图 4.6-5　2 号楼梯参数设置

单击 4~6 轴线与 F~G 轴线之间下侧参考线交点，从左向右水平绘制，在显示还剩 14 踢面的时候，完成上梯段的绘制（图 4.6-6）。

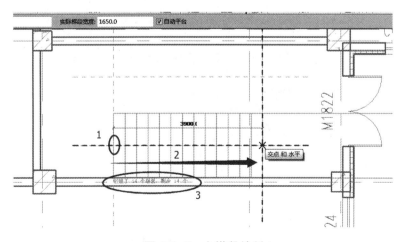

图 4.6-6　上梯段绘制

完成上梯段绘制后，将光标点击上侧参照平面的交点，从右像左绘制下梯段，点击 完成下梯段的绘制（图 4.6-7）。

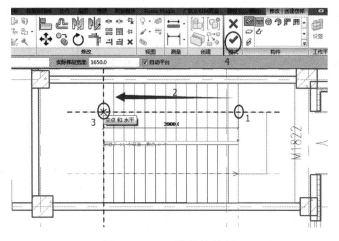

图 4.6-7　下梯段的绘制

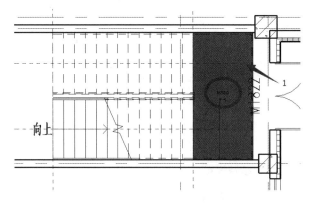

图 4.6-8　中间平台修改

选中楼梯中间平台，楼梯平台高亮显示，在平台中间点击平台宽度数值，输入楼梯平台宽度 2100，完成楼梯平台创建（图 4.6-8）。

修改楼梯栏杆扶手，在绘制楼梯时 Revit 会默认放置栏杆扶手，当绘制完楼梯后可以对绘制的栏杆扶手进行参数修改。在绘制楼梯时，可不进行栏杆扶手的默认添加，在"栏杆扶手"选项卡中选择"无"（图 4.6-9），通过"放置在主体上"和"绘制路径"两种方法创建栏杆扶手（图 4.6-10）。

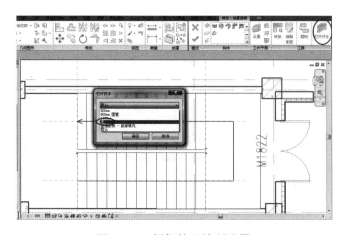

图 4.6.9　栏杆扶手绘制设置

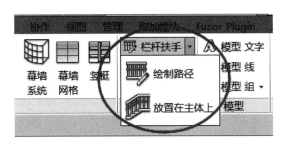

图 4.6-10　栏杆扶手绘制

点击绘制好的楼梯，选择已绘制的最外侧栏杆扶手，点击删除（图 4.6-11）。

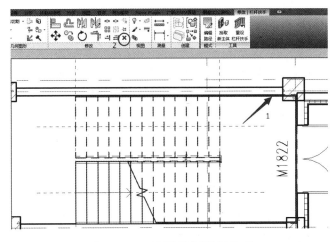

图 4.6-11　删除外侧栏杆扶手

选择楼梯中间的栏杆扶手，在"属性"面板中点击"编辑类型"，出现"类型属性"对话框，进行栏杆参数设置。点击复制按钮，对案例中 1050 栏杆进行创建，在"名称"对话框中输入 1050mm 栏杆，之后点击"扶栏"、"栏杆"的编辑按钮分别进行栏杆的参数设置（图 4.6-12）。

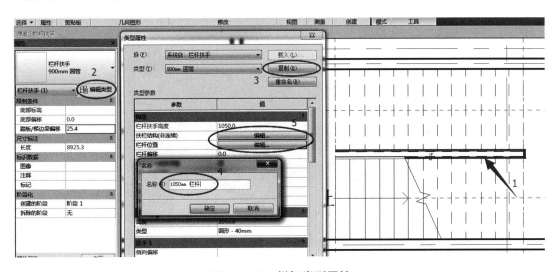

图 4.6-12　栏杆类型属性

135

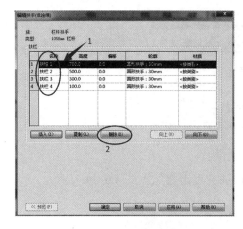

图 4.6-13 删除扶栏

点击"扶栏结构（非连续）"一栏的"编辑"，出现"编辑扶手"对话框。逐一选中"扶栏 1- 扶栏 4"，激活下方的工具按钮，点击删除，删除设置的扶栏（图 4.6-13）。

点击"栏杆位置"中"编辑"的按钮，出现"编辑栏杆位置"对话框，选中"楼梯上每个踏板都使用栏杆"，在"每踏板栏杆数"设置为"1"，在"支柱"面板中选择"起点支柱"、"转角处支柱""终点支柱"，在"栏杆族"位置选择"无"，完成栏杆设置，点击确定（图 4.6-14）。

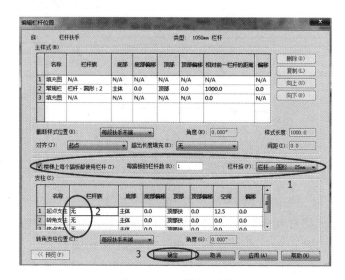

图 4.6-14 栏杆设置

点击"快速访问工具栏"中"三维视图按钮 "，查看已经绘制好的楼梯（图 4.6-15）。

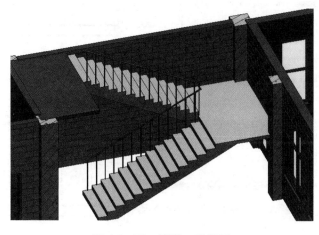

图 4.6-15 楼梯三维视图

4.6.3　1号楼梯创建

在绘制楼梯前，根据图纸中楼梯梯段位置首先进行楼梯的定位，建立参照平面来确定楼梯的起始位置，点击功能面板中"工作平面"选择"参照平面"，建立五个参照平面分别为距11轴1300，距11轴2850，距12轴1300，距N轴2150，距R轴2050（图4.6-16）。

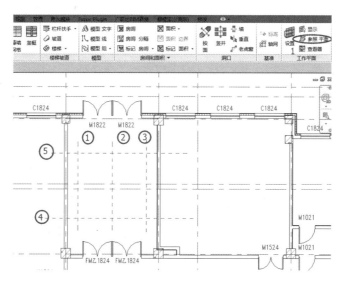

图 4.6-16　1号楼梯参照平面

打开绘制的模型，切换到1F平面图。点击"建筑"选项卡中的"楼梯"功能按钮，选择"楼梯（按构件）"，在"修改 | 创建楼梯"面板中，单击"梯段"中的"直梯"，在"属性"栏中选择"整体浇筑楼梯"，在"类型属性"对话框中"计算规则"设置最大踢面高度"150"、最小踏板深度"300"、最小梯段宽度"2700"，平台类型修改为"120mm"，底部标高设置为"1F"，顶部标高设置为"2F"（图4.6-17）。

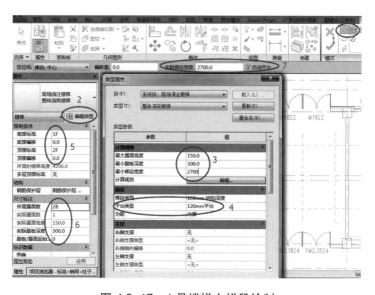

图 4.6-17　1号楼梯上梯段绘制

单击中间位置与下侧参照平面交点，从下向上绘制上跑楼梯段，在显示还剩 14 踢面的时候，完成上梯段的绘制（图 4.6-18）。

完成上梯段绘制后，将光标点击上面左侧参照平面的交点，将梯段宽度修改为"1300"，从上向下绘制左侧梯段（图 4.6-19）。

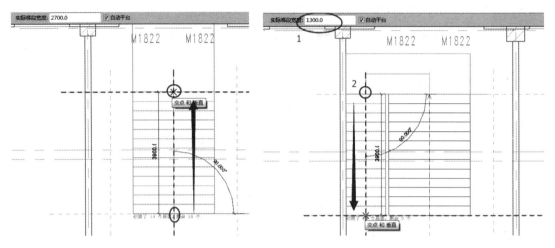

图 4.6-18 1 号楼梯上梯段绘制　　　　　　图 4.6-19 1 号楼梯左侧梯段绘制

绘制 1 号楼梯右半侧梯段。在"属性"菜单"限制条件"中将"底部偏移"修改为"2100"，"尺寸标注"中"所需踢面数"修改为"14"，"实际踏板深度"设置为"300"，梯段宽度设置为"1300"，点击右上侧参照平面交点，从上向下绘制右侧梯段（图 4.6-20）。

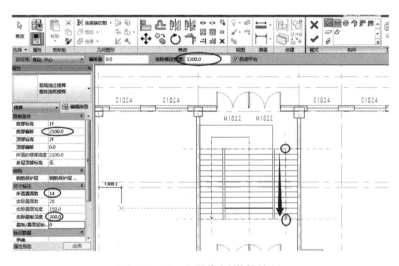

图 4.6-20 1 号右侧梯段绘制

点击绘制右侧的梯段，在出现的"属性"菜单栏中将"相对基准高度"修改为"2100"，"相对顶部高度"修改为"4200"，完成对右侧梯段的设置（图 4.6-21）。

点击已布置的楼梯中间平台，拖动两边的三角按钮▶，将中间平台边的位置拖拽到墙边线位置处，完成中间平台的修改（图 4.6-22）。

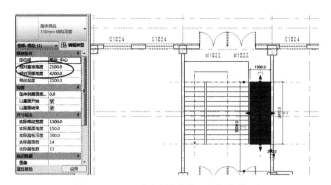

图 4.6-21　右侧梯段相对高度修改

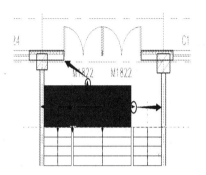
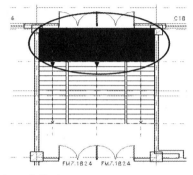

图 4.6-22　中间平台修改

点击"栏杆扶手"工具，在出现的"栏杆扶手"对话框中，在"位置"中选择"踏板"，默认下拉菜单选择"1050mm 栏杆"，完成栏杆的设置（图 4.6-23）。

在"属性"面板中"限制条件"中将设置的"底部偏移 2100"，修改为"0"，点击"模式"面板下的 ✓，完成 1 号楼梯的参数定义及绘制（图 4.6-24）。

图 4.6-23　栏杆设置

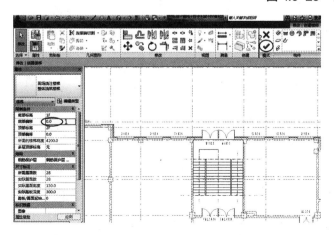

图 4.6-24　1 号楼梯位置调整

点击布置好的最外侧栏杆，点击删除，删除多余的栏杆扶手，完成 1 号楼梯的绘制（图 4.6-25）。

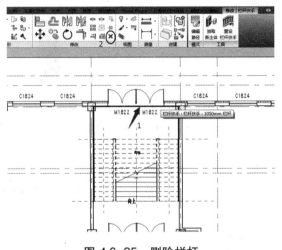

图 4.6-25　删除栏杆

点击"快速访问工具栏"中三维视图按钮🔘，查看绘制好的 1 号楼梯（图 4.6-26），其他楼梯按照以上讲述方法自行完成绘制。

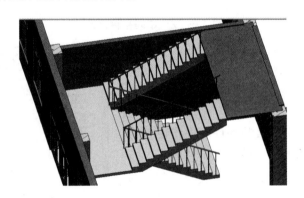

图 4.6-26　1 号楼梯三维展示

4.7　楼层复制

在实际工程中，有许多楼层各个构件布置是基本一样的，为了简化工作量，避免重复的建模过程，Revit 里提供了楼层复制功能，可以将我们建好的标准层复制到其他楼层上，通过简单的修改，即可完成其他楼层的创建，大大缩短了模型的建立时间。

4.7.1　楼层复制

当选中图元之后，点击剪贴面板"复制 🗐"按钮，会自动激活粘贴工具。Revit 提供了六种粘贴图元的方法，一般情况下针对楼层复制常用的方法为"与选定标高对齐"、"与选定视图对齐"，在使用方法上完全一致，本次将结合案例讲述"与选定视图对齐"的楼层复制方法（图 4.7-1）。

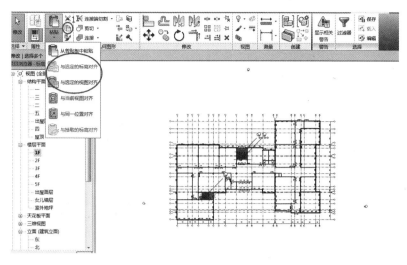

图 4.7-1　粘贴选项

打开绘制好的 1F 平面模型，从案例图纸可以看出，1F 与 2F 各个构件的布置位置基本相同，局部地方有细微差别，可以将楼层复制，然后在复制好的 2F 平面进行修改。适当缩放视图显示 1F 中全部图元，框选一层的图元，点击"过滤器"，在过滤器中取消楼梯（楼层高度发生变化）、轴网以及其他图元的勾选，本次只将柱、墙、门窗相关图元复制到 2F（图 4.7-2）。

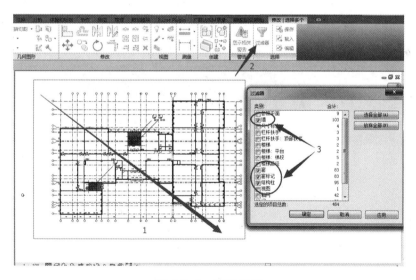

图 4.7-2　图元选择

单击剪贴板中的"复制"，激活"粘贴"按钮，选择与"选定视图对齐"，出现"选择视图"对话框，在此对话框中可以预览到所有创建的视图。选择"楼层平面 2F"，点击确定，完成楼层复制，可以通过点击快速访问工具栏中三维按钮查看复制后的三维模型（图 4.7-3、图 4.7-4）。

采用相同的方法可以将结构平面的相关构件复制到对应的结构平面视图中，完成相关结构楼层的创建，然后在对应的平面视图中进行构件的编辑和修改。

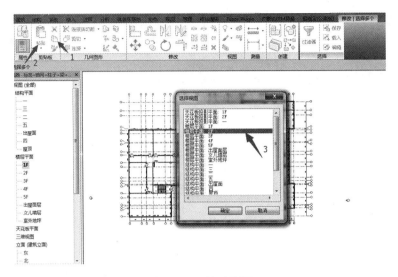

图 4.7-3　粘贴图元

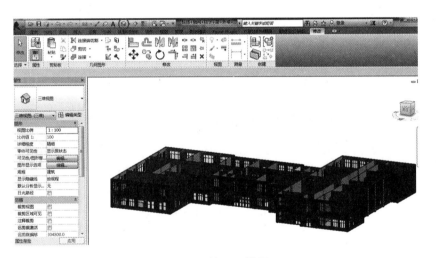

图 4.7-4　楼层三维显示

4.7.2　楼层修改

从模型中可以看出，1F 层高为 4.2m，2F 层高为 3.9m，故对复制后的墙体及柱子的高度需要修改。在 2F 楼层平面视图中，框选整个模型，在出现的"属性"面板中选择"墙"，在"属性"菜单中可以看出在"顶部偏移"位置处显示"300"，这主要就是因为不同层高导致的构件约束位置变化（※ 注意：在进行楼层复制时，特别需要注意不同层高图元位置约束的变化），将"墙"的"顶部偏移"值修改为"0"完成墙体高度的修改（图 4.7-5）。

对结构柱的高度进行调整。在 2F 楼层平面视图中，框选整个模型，在出现的"属性"面板中选择"结构柱"，在"限制条件"中将"底部偏移"修改为"0"，在"顶部标高"修改为结构标高"三"，"顶部偏移"改为"0"（图 4.7-6）。

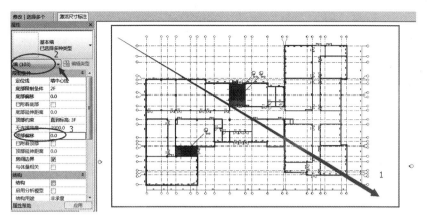

图 4.7-5 墙体高度修改

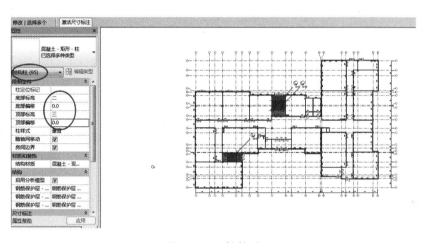

图 4.7-6 柱修改

对 2F 平面的门窗进行修改。本次以 1~3 轴线与 A 轴交汇窗户修改为例，点击布置的"C1824"，在"属性"面板中选择"C0622"，调整临时尺寸数值为"300"，完成"C0622"修改（图 4.7-7）。其他门窗的修改请根据图纸自行完成创建。

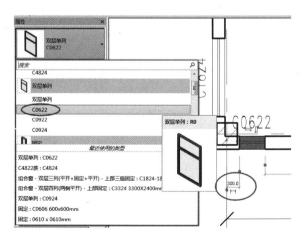

图 4.7-7 窗修改

在 2F 层 8~9 轴线之间，墙体位置发生了变化。按住键盘"ctrl"键，连续选中"墙体"，在"修改|墙"面板中"修改"工具中点击"删除 ✖"，将墙体删除重新布置（图4.7-8）。

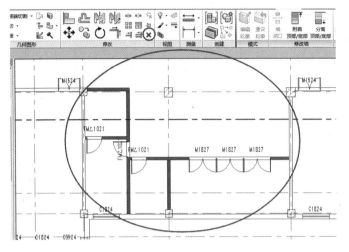

图 4.7-8　删除墙体

布置 8~9 轴与 M 轴之间的墙体，点击"建筑"选项卡中的"墙"功能按钮，功能区显示"修改 | 放置墙"面板。在"属性"面板中选择"内墙 1~200mm"，在"限制条件"调整"顶部约束"为"直到 3F"，点击"绘制"面板中"直线 ∕"，完成墙体绘制（图4.7-9）。

按照上述介绍的楼层复制与修改方法完成案例工程的模型创建。

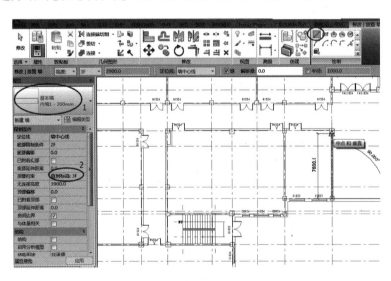

图 4.7-9　墙体绘制

第三篇　专业提高篇

第五章　结构专业建模深化

5.1　基础

5.1.1　添加基础

Revit 中的基础包含独立基础、条形基础和基础底板三种类型。

由于该案例工程及本书中所介绍的项目样板为"构造样板"，该样板中无相应的基础族，应先导入基础族。点击"插入"选项卡，点击"载入族"，选择"结构"中的"基础"按钮（图 5.1–1）。

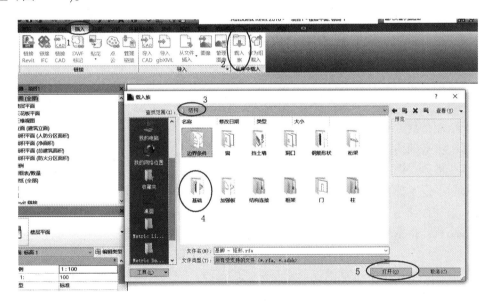

图 5.1-1　载入基础族

1. 独立基础

点击"结构"选项卡，在"基础"面板中点击"独立"按钮（图 5.1–2）。

图 5.1-2　独立基础

启动命令后，在属性面板类型选择器下拉菜单中选择合适的独立基础类型，如果没有合适的尺寸类型，可以在属性面板"编辑类型"中通过复制的方法进行创建新类型（图 5.1-3）。

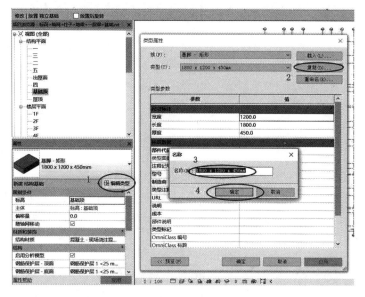

图 5.1-3　新建独立基础

在放置前，可对属性面板中"标高"和"偏移量"两个参数进行修改，调整放置的位置。下面对"属性"面板中的一些参数进行说明。

（1）限制条件

标高：将基础约束到的标高，默认为当前标高平面。

主体：将独立板主体约束到的标高。

偏移量：指定独立基础相对其标高的顶部高程。正值向上，负值向下。

（2）尺寸标注

底部高程：指示用于对基础底部进行标记的高程。只读不可修改，它报告倾斜平面的变化。

顶部高程：指示用于对基础顶部进行标记的高程。只读不可修改，它报告倾斜平面的变化。

类似结构柱的放置，独立基础的放置有三种方式：

方法 1：在绘图区点击直接放置，如果需要旋转基础，可在放置前勾选选项栏中的"放置后旋转"（图 5.1-4）。或者在点击鼠标放置前按"空格"键进行旋转。

图 5.1-4　点画放置独立基础

方法 2：点击【修改 | 放置独立基础】选项卡 >【多个】面板 >【在轴网处】，选择需要放置基础的相交轴网，按住"Ctrl"键可以多个选择，也可以通过从右下往左上框选的方式来选中轴网。

方法 3：点击【修改 | 放置独立基础】选项卡 >【多个】面板 >【在柱处】，选择需要放置基础处的结构柱，系统会将基础放置在柱底端，并且自动生成预览效果，点击【✔】完成放置。

Revit 中的基础，上表面与标高平齐，即标高指的是基础构件顶部的标高（图 5.1-5）。如需将基础底面移动至标高位置，使用对齐命令即可。

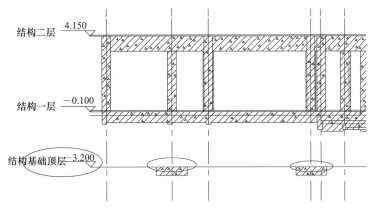

图 5.1-5　独立基础立面

2. 条形基础

点击"结构"选项卡，在"基础"面板中点击"条形"按钮（图 5.1-6）。快捷键：FT。

图 5.1-6　条形基础

在"属性"面板类型选择器下拉菜单中选择合适的条形基础类型，主要有"承重基础"和"挡土墙基础"两种，用户可根据实际工程情况进行选择。

不同于独立基础，条形基础是系统族，用户只能在系统自带的条形基础类型下通过复制的方法添加新类型，不能将外部的族文件加载到项目中。点击"属性"面板的"编辑类型"，打开"类型属性"对话框，点击"复制"，输入新类型名称。点击"确定"完成类型创建，然后在"编辑类型"对话框中修改参数，注意选择基础的结构用途（图 5.1-7）。

下面对两种结构用途的各个类型参数进行说明。

（1）坡脚长度：挡土墙边缘到基础外侧面的距离。

（2）跟部长度：挡土墙边缘到基础内侧面的距离。

（3）宽度：承重基础的总宽度。

（4）基础厚度：基础的高度。

（5）默认端点延伸长度：表示基础将延伸到墙端点之外的距离。

（6）不在插入对象处打断：表示基础在插入点（如延伸到墙底部的门和窗等洞口）下是连续还是打断，默认为勾选。

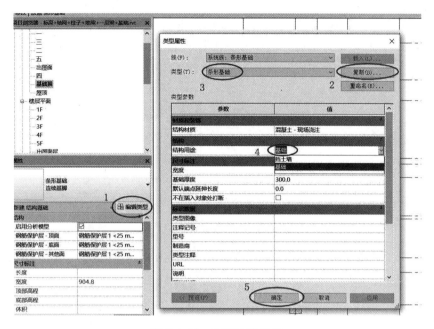

图 5.1-7　条形基础设置

条形基础是依附于墙体的，所以只有在有墙体存在的情况下才能添加条形基础；并且条形基础会随着墙体的移动而移动，如果删除条形基础所依附的墙体，则条形基础也会被删除。在平面标高视图中，条形基础的放置有两种方式：

方法 1：在绘图区直接依次点击需要使用条形基础的墙体。

方法 2：点击【修改丨放置条形基础】选项卡 >【多个】面板 >【选择多个】，按住"Ctrl"键依次点击需要使用条形基础的墙体，或者直接框选，然后点击【完成】。

3. 基础板

点击"结构"选项卡，在"基础"面板中点击"板"按钮。

和条形基础一样，板基础也是系统族文件，用户只能使用复制的方法添加新的类型，不能从外部加载自己创建的族文件。

点击【板】下拉菜单中的【结构基础：楼板】，进入创建楼层边界模式，在"属性"面板类型选择器下拉菜单中选择合适的基础底版类型。默认结构样板文件中包含四种类型的基础底板，分别是"150mm 基础底板"、"200mm 基础底板"、"250mm 基础底板"、"300mm 基础底板"，用户根据需要选择合适的类型。

然后点击"属性"面板中的"编辑类型"，打开"类型属性"对话框，点击"编辑"，进入"编辑部件"对话框，对结构进行编辑（图 5.1-8）。

在"编辑部件"对话框中，可以修改板基础的厚度和材质，还可以添加其他不同的结构层和非结构层，这些选项和普通结构楼板的设置基本相同。

板基础类型设置完后，可通过【绘制】面板中的绘图工具在绘图区绘制板基础的边界。绘制完成后点击【✔】，添加完毕。

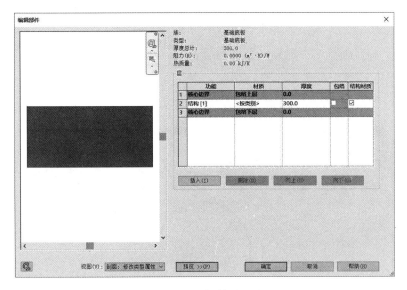

图 5.1-8 板基础设置

5.1.2 基础族的创建

本节以承台桩基础为例,介绍如何使用族编辑器创建基础族。

点击"应用程序菜单",点击"新建""族"按钮,弹出"新族—选择族样板"对话框。选择"公制结构基础 .rft"族样板文件,点击"打开",进入族编辑器(图 5.1-9)。

图 5.1-9 新建基础族

1. 创建桩

桩族的制作比较简单,为一个圆柱形的三维几何对象。为了以后使用方便,应使用可变族。具体操作如下。

(1)绘制桩截面

选择"创建"→"拉伸"→"圆形"命令,输入桩半径数值 300 绘制圆形桩截面,在"属性"面板中,在"拉伸终点"后输入数值 –1000,单击"应用"按钮,在"立面→前视图"截面,查看桩长(图 5.1-10)。

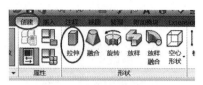

图 5.1-10　绘制截面柱（一）

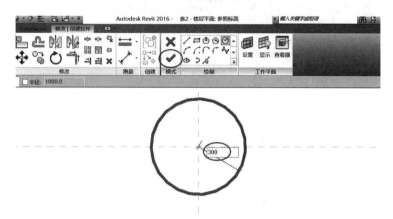

图 5.1-10　绘制截面柱（二）

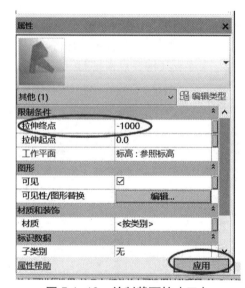

图 5.1-10　绘制截面柱（三）

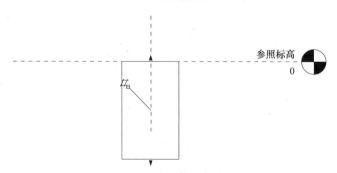

图 5.1-10　绘制截面柱（四）

（2）编辑活族桩

按快捷键 D+I（选择"注释"→"对齐"命令），标注桩长。单击尺寸标注，选择"标签"下的"添加参数"，在弹出的"参数属性"对话框中，在"名称"栏中输入"桩长"，单击"确定"按钮（图 5.1-11）。

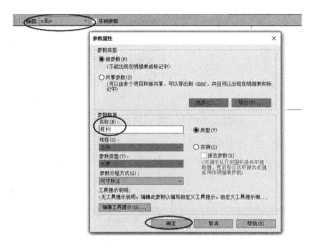

图 5.1-11　编辑活族桩

（3）同样对桩直径进行编辑

选择"楼层平面"→"参照标高"命令，在"修改/尺寸标注"选项卡下，双击桩截面，选择"注释"→"直径"命令，标注桩直径，单击尺寸标注，选择"标签"下的"添加参数"，在弹出的"参数属性"对话框中在"名称"栏中输入"直径"，单击"确定"按钮（图 5.1-12）。

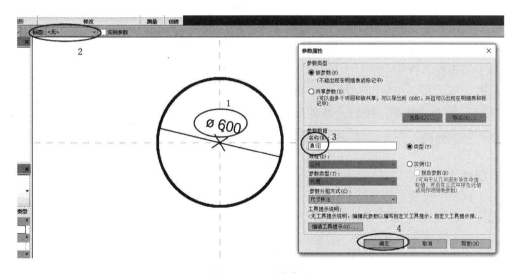

图 5.1-12　桩直径

（4）添加材质

选择"桩"，在"属性"面板中单击"材质"按钮，在弹出的"材质浏览器"对话框中，依次单击"混凝土现场浇注混凝土"→"确定"按钮（图 5.1-13）。

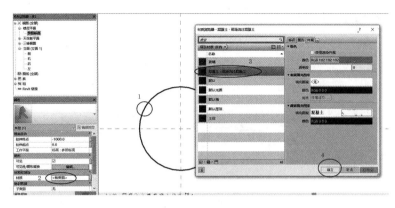

图 5.1-13　添加材质（一）

单击"族类型"按钮。在弹出的"族类型"对话框中，单击"结构材质"按钮，在弹出的"材质浏览器"对话框中，依次单击"混凝土现场浇筑混凝土"→"确定"按钮（图 5.1-14）。

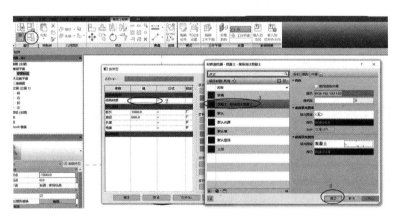

图 5.1-14　添加材质（二）

（5）编辑族名称

单击"族类型"按钮。在弹出的"族类型"对话框中，单击"新建"按钮，在弹出的"名称"对话框中输入"桩"，并单击"确定"按钮（图 5.1-15）。

2. 创建承台

（1）选择族样板

选择"公制结构基础.rft"族样板。

（2）设置族类别和族参数

点击【创建】选项卡 >【属性】面板 >【族类别和族参数】，弹出"族类别和族参数"对话框。结构基础样板默认将族类别设为"结构基础"。将用作"模型行为的材质"改为"混凝土"，其余参数不做修改。

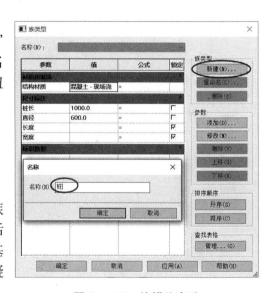

图 5.1-15　编辑族名称

154

（3）设置族类型和参数

点击【创建】选项卡 >【属性】面板 >【族类型】，打开"族类型"对话框，在其中创建"桩边距"、"承台厚度"类型参数，再创建与准备嵌套的桩族参数相关联的"桩尖长"、"桩长"、"桩顶埋入承台尺寸"和"桩径"类型参数，并输入参数值（图 5.1-16）。

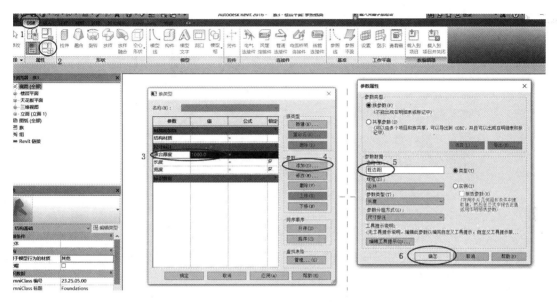

图 5.1-16 设置族类型和参数

（4）创建形状

进入"参照标高"视图，在绘图区绘制参照平面并添加尺寸标注，然后使用"拉伸"命令绘制截面形状，并与参照平面对齐锁定（图 5.1-17）。

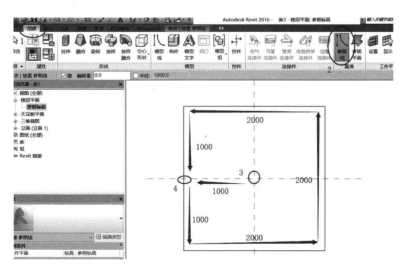

图 5.1-17 创建形状（一）

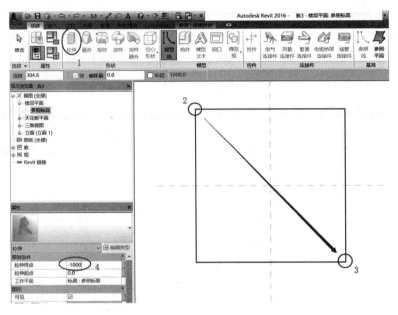

图 5.1-17　创建形状（二）

转到前立面视图，绘制参照平面并添加尺寸标注，然后将拉伸形状的上下边缘和相应的参照平面对齐锁定（图 5.1-18）。

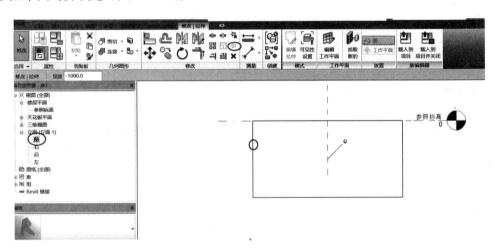

图 5.1-18　立面锁定

5.2　结构钢筋

5.2.1　设置混凝土保护层

使用钢筋命令添加钢筋之前，需要对混凝土保护层厚度进行设置。

项目样板中已经根据《混凝土结构设计规范》的规定，对混凝土保护层的厚度进行了预先设置。点击【结构】选项卡 >【钢筋】面板 >【保护层】选项栏（图 5.2-1）。

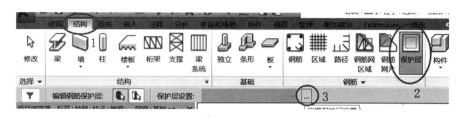

图 5.2-1　混凝土保护层选项

点击选项栏最右侧的"□（编辑保护层设置）"按钮，打开"钢筋保护层设置"对话框（图 5.2-2）。对话框中 Ⅰ、Ⅱ、Ⅲ 分别对应环境类别的一类、二类、三类。如果样板中预先设置的保护层不能满足用户的需求，用户可以在对话框中添加新的保护层设置。此外，用户也可对已有的保护层进行复制、删除、修改等操作。

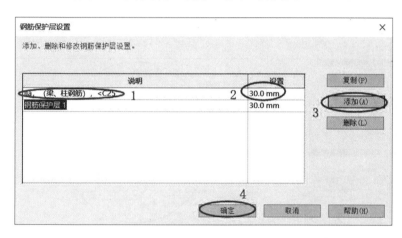

图 5.2-2　混凝土保护层设置

向项目中添加的混凝土构件，程序会为其设置默认的保护层厚度。若要重新设置保护层厚度，可以在启动保护层命令后，选择需要设置保护层的图元或者图元的某个面。选中后在选项栏会显示当前的保护层设置。在下拉菜单中可以进行修改，用户也可以在选中图元后，在属性栏对保护层进行修改。

5.2.2　创建剖面视图

创建一个剖面视图，剖切将要配筋的混凝土图元。此处以梁为例。剖面命令"视图"选项卡中"创建"面板，点击"剖面"按钮。启动命令后，点击鼠标确定剖面的起点，再次点击确定剖面的终点，对构件进行剖切。绘制完毕或选中剖面后，点击⇆图标，可以对剖面进行翻转。剖面创建完毕后，可以右键点击所创建的剖面，点击"转到视图"，或是在项目浏览器中进入到剖面视图中（图 5.2-3）。

进入到剖面视图，显示出剖切的梁和楼板。可以对剖面视图的范围进行调整，选中剖面视图的边界线，变为可拖动状态。拖动边界以屏蔽不希望显示的构件（图 5.2-4）。

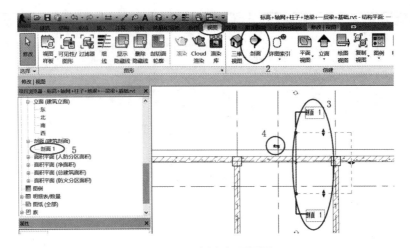

图 5.2-3　创建剖面视图

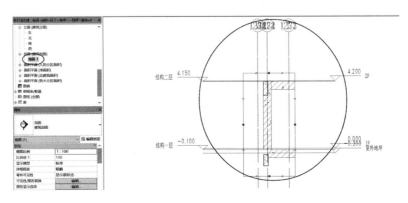

图 5.2-4　剖面视图

5.2.3　放置钢筋

在放置钢筋前，需将钢筋族全部载入（图 5.2-5）。

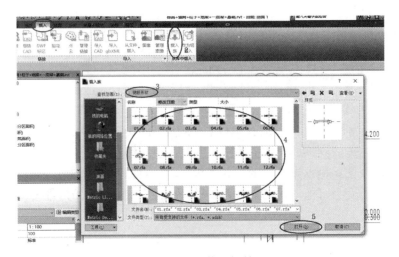

图 5.2-5　载入钢筋

在"结构"选项卡的"钢筋"面板中点击"钢筋"按钮。

启动命令后,在右侧会显示钢筋形状选择器,与状态栏中内容一致。类型选择器可以在状态栏中通过点击 ▣ 图标来启动和关闭。用户可以在此选择所添加钢筋的形状,若没有所需的钢筋形状,可以通过【修改丨放置钢筋】选项卡>【族】面板>【族】来载入钢筋形状族,选择钢筋的形状。

在属性面板中,选择钢筋的类别,并可对形状、弯钩、钢筋集、尺寸进行设置。也可在钢筋放置完成后,对属性面板中内容进行修改(图 5.2-6)。

图 5.2-6 放置钢筋

【修改丨放置钢筋】选项卡中,可以对钢筋放置平面、钢筋放置方向以及布局进行设置。

【放置平面】面板:"当前工作平面"、"近保护层参照"、"远保护层参照"定义了钢筋的放置平面。

【放置方向】面板:"平行于工作平面"、"平行于保护层"、"垂直于保护层"定义了多平面钢筋族的哪一侧平行于工作平面。

【钢筋集】面板:通过设置可以创建与钢筋的草图平面相垂直的钢筋集,并定义钢筋数和(或)钢筋间距。通过提供一些相同的钢筋,使用钢筋集能够加速添加钢筋的进度。钢筋集的布局如下:

①固定数量:钢筋之间的间距是可调整的,但钢筋数量是固定的,以用户的输入为基础。

②最大间距:指定钢筋之间的最大距离,但钢筋数量会根据第一根和最后一根钢筋之间的距离发生变化。

③间距数量:指定数量和间距的常量值。

④最小净间距:指定钢筋之间的最小距离,但钢筋数量会根据第一根和最后一根钢筋之间的距离发生变化。即使钢筋大小发生变化,该间距仍会保持不变。

放置透视中的"顶"、"底"、"前侧"、"后侧"、"右"、"左"定义了多平面钢筋族的哪一侧平行于工作平面。

在放置完成后选中钢筋,可以对钢筋的布局进行调整。

设置完成后,将鼠标移动到截面内,进行钢筋的添加。

5.2.4 使用速博插件配筋

速博插件能够快速地生成钢筋,与使用钢筋命令添加钢筋相比,能够节约大量的时间和工作量，建议使用者尽量使用速博配筋。下面我们介绍使用速博插件配筋的步骤。

选中需要配筋的构件，点击 "Extensions" 选项卡中 "Autodesk Revit Extensions" 面板下 "钢筋" 按钮，在下拉菜单中，选择相应的构件类型（图 5.2-7）。

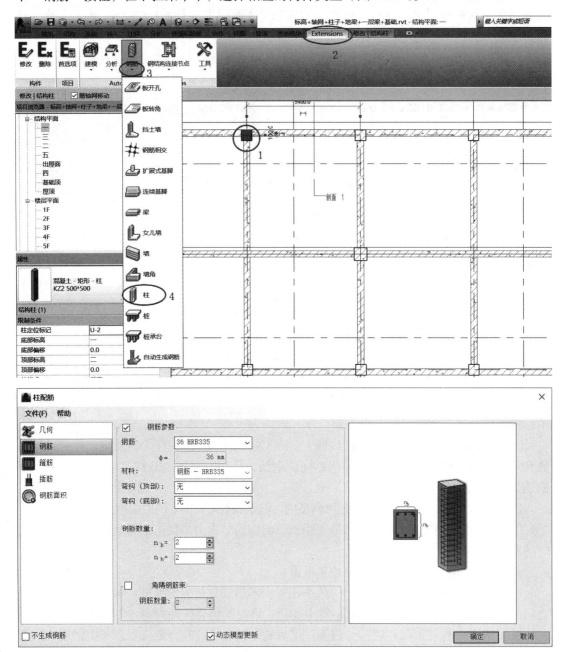

图 5.2-7　Extensions 插件

使用速博插件完成构件配筋后，可对构件中的钢筋进行删除、修改。点击【Extensions】选项卡 >【构件】面板 >【修改】或【删除】。点击修改后，会弹出 "柱配筋" 对话框，用户可以对参数进行修改。点击 "删除"，可以将生成的钢筋删除。

第六章 建筑专业建模深化

6.1 幕墙设计

幕墙是现代建筑设计中被广泛应用的一种建筑外墙，其附着到建筑结构，但不承担建筑的楼板或屋顶荷载。幕墙由幕墙网格、竖梃和幕墙嵌板组成（图 6.1-1）。

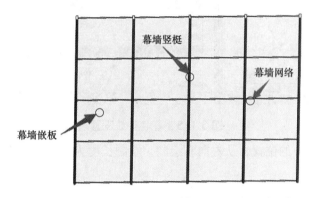

图 6.1-1 幕墙构造

幕墙嵌板是构成幕墙的基本单元，幕墙由一块或多块幕墙嵌板组成；幕墙网格决定了幕墙嵌板的大小、数量；幕墙竖梃为幕墙龙骨，作为沿幕墙网格生成的线性构件。

6.1.1 幕墙的创建

幕墙的创建方式与基本墙一致，但是幕墙多数是以玻璃材质为主。在 Revit 建筑样板中，包含三种基本样式："幕墙""外部玻璃""店面"。其中"幕墙"没有网格和竖梃，"外部玻璃"包含预设网格，"店面"包含预设网格和竖梃，接下来介绍本案例中的幕墙创建和定义（图 6.1-2）。

打开案例模型，切换到 2F 楼层平面图，在幕墙底部限制条件设置为"2F"。单击"建筑"选项卡中的"墙"功能按钮，在"墙"属性栏中选择"幕墙"，在幕墙底部限制条件设置为"2F"，底部偏移"900"，顶部约束设置为"未连接"，无连接高度设置为"10000"；在"属性"菜单栏中点击"编辑类型"，弹出"类型属性"对话框；在"垂直网格"和"水平网格"中布局设置为"固定距离"，间距设置为"1500"，完成幕墙的设置（图 6.1-3）。

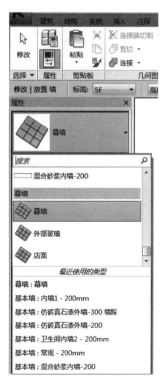

图 6.1-2 幕墙类型

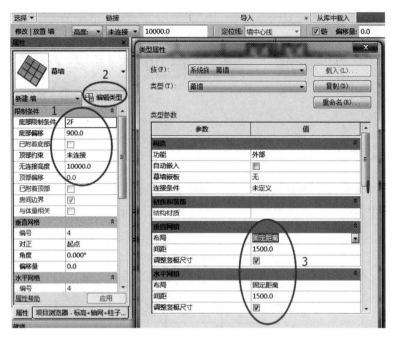

图 6.1-3　幕墙参数设置

点击距 9 轴线 450 的位置，从左向右绘制，绘制长度为"7200"，完成幕墙的绘制（图 6.1-4）。

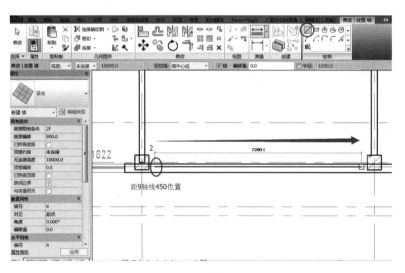

图 6.1-4　幕墙绘制

点击绘制的幕墙，选择"几何面板"工具中的"剪切—剪切几何图形"。先选择以绘制的"外墙"，再选择"幕墙"，完成 2F 幕墙与墙体的剪切（图 6.1-5）。

将 2F 楼层以上的幕墙与墙体进行剪切，完成幕墙的绘制（图 6.1-6）。

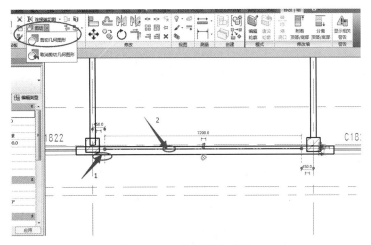

图 6.1-5 幕墙墙体剪切

图 6.1-6 幕墙三维效果

6.1.2 幕墙的编辑

本节主要介绍对幕墙网格间距及嵌板的调整。选择绘制好的幕墙，为了更方便地进行幕墙的编辑和修改，可以对幕墙进行视图隔离，以此来单独修改幕墙，点击视图控制栏的"临时隔离/隐藏 "，选择"隔离图元"，将幕墙单独隔离出来（图 6.1-7）。

按照案例工程中网格尺寸，对幕墙网格线进行

图 6.1-7 隔离幕墙

位置调整，单击幕墙网格线，会自动弹出临时尺寸线，点击解锁 🔓，之后输入相应的数值，即可调整网格线的位置；同时如果需要添加或删除网格线，点击工具面板"幕墙网格"上的"添加 / 删除线段"即可添加或删除幕墙网格线。输入调整间距（※ 注意：每根网格线只需调整一侧的临时尺寸线数值，然后选择下一根网格线进行调整），从左向右分别为"1350"、"1500"、"1500"、"1500"、"1350"；从下至上分别为"1200"、"1500"、"1300"、"1500"、"1500"、"1500"、"1500"（图 6.1-8）。

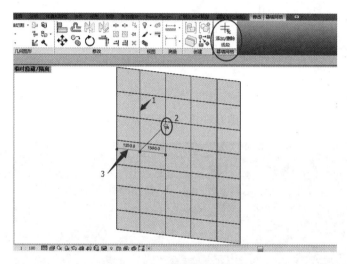

图 6.1-8　幕墙网格调整

从案例中可以看出幕墙嵌板类型为点爪式嵌板，需对幕墙嵌板类型进行修改。首先载入点爪式嵌板族，点击"插入"选项卡，选择"载入族"，在弹出的载入族"打开"对话框中找到"建筑 / 幕墙 / 其他嵌板 / 点爪式幕墙嵌板 1"，单击打开（图 6.1-9）。

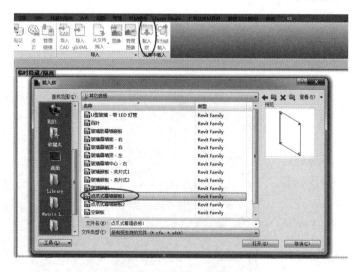

图 6.1-9　载入嵌板族

点击幕墙，在"属性"面板中点击"编辑类型"，弹出类型属性对话框；在"构造"下的"幕墙嵌板"选择"点爪式幕墙嵌板 1"，点击确定，完成幕墙嵌板的设置（图 6.1-10）。

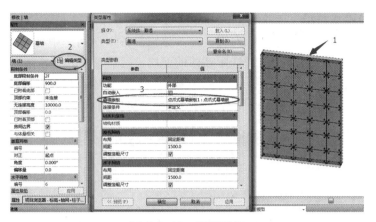

图 6.1-10　嵌板替换

单击视图选项栏中的"临时隔离 / 隐藏 🗝"，选择"重设临时隐藏 / 隔离"，完成幕墙的编辑（图 6.1-11）。

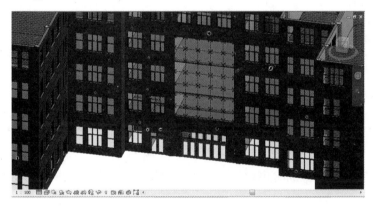

图 6.1-11　完成后的幕墙效果

6.2　墙体设计

6.2.1　复合墙体创建

1. 复合墙

复合墙是指一面墙中不同高度下有多个材质的墙体。从墙体类型中选择一个"常规 -200"类型，单击"编辑类型"复制创建一个新的墙体类型，点击"结构"对应按钮，弹出"编辑部件"对话框，单击"插入"按钮，添加构造层，并为其指定功能、材质、厚度，点击预览可查看创建的墙体（图 6.2-1）。

图 6.2-1　墙体创建

单击"修改垂直结构"面板中的"拆分区域",放置在面层上会有一条高亮显示的预览拆分线。放置好高度后单击鼠标左键,在"编辑部件"对话框中再次插入新建面层2,修改面层材质,厚度设置为"0";选中新建的面层,然后单击"指定层",在视图中单击拆分后某一段面层,选中的面层蓝色显示,点击"修改"将新建的面层指定给拆分后的面层,通过墙体拆分工具可以实现一面墙不同高度不同材质要求(图6.2-2)。

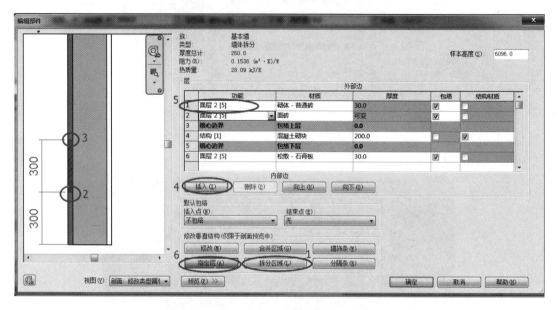

图 6.2-2　拆分面设置

在平面绘制一段6000mm的墙体,点击三维视图,查看拆分后的墙体效果(图6.2-3)。

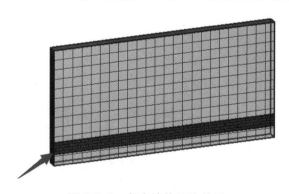

图 6.2-3　复合墙体三维效果

2. 叠层墙

叠层墙是指由若干个不同基本墙相互堆叠在一起组成的墙体,可以在不同的高度定义不同的墙厚、复合层和材质。

在"建筑"选项卡中选择"墙:建筑",点击"属性"菜单中"类型属性",弹出"编辑部件"对话框;在"族"类型选择叠层墙,点击结构对应的"编辑"按钮,弹出编辑部件对话框;在"类型"面板中,可以选择子墙的类型,设置子墙的高度(图6.2-4)。

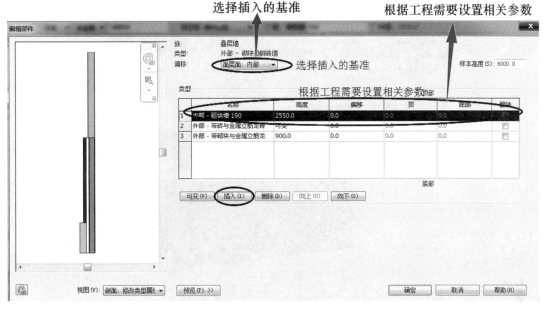

图 6.2-4　叠层墙设置

绘制一段墙体，点击三维视图，查看叠层墙示意图（图 6.2-5）。

图 6.2-5　叠层墙示意图

6.2.2　放置墙饰条、分隔缝

在已经绘制好的墙体，点击"建筑"选项卡里"墙"下拉菜单"墙：饰条"，即可在三维视图或立面视图中为墙添加饰条或分隔缝（图 6.2-6）。

放置时在"放置"面板选择墙饰条的方向"水平"或"垂直"，点击墙体可以完成墙饰条或墙分隔条的创建（图 6.2-7）。

图 6.2-6　墙饰条 / 分隔缝

167

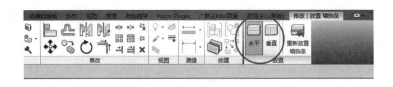

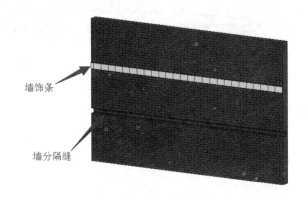

图 6.2-7　墙饰条 / 分隔缝示意图

6.3　屋顶创建

屋顶是房屋最上层起覆盖作用的围护结构，是建筑的重要组成部分，根据屋顶排水、坡度的不同，常见的有平屋顶、坡屋顶两大类。在 Revit 中提供了迹线屋顶、拉伸屋顶、面屋顶等创建屋顶的方法以及屋顶构造的创建（图 6.3-1）。

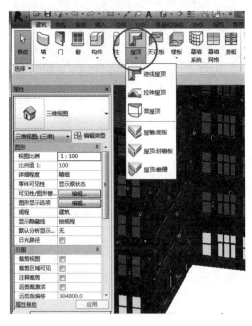

图 6.3-1　屋顶工具

6.3.1　迹线屋顶的创建

1. 屋顶定义

迹线屋顶的创建方法与楼板创建方法相一致，通过绘制屋顶的各条边界线，为各边界线定义坡度的过程。本次以案例工程屋顶为例，讲述迹线屋顶的创建。

打开案例模型，切换到屋顶楼层平面图，创建"不上人屋面"。单击"建筑"选项卡→"构件"面板→"屋顶"→"迹线屋顶"，在"属性"面板中点击"编辑类型"，弹出"类型属性"对话框，"类型"选择"保温屋顶－混凝土"，点击复制，在弹出"名称"对话框将其重命名为"不上人屋面"（图 6.3-2）。

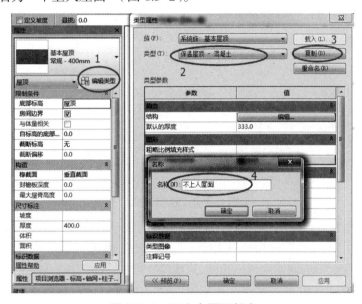

图 6.3-2　不上人屋面创建

点击"结构"一栏中的"编辑"，弹出"编辑部件"菜单，将"结构 [1]"厚度修改为"120"，将"衬底 [2]"厚度修改为"30"；点击下方"插入"，插入"衬底 [2]"，进行水泥砂浆找平层的创建。点击向上将其移动至核心边界上，点击材质按钮，选择"水泥砂浆"，厚度修改为"20"，删除原有属性中的"涂膜层"、"保温层／空气"、"面层 1[4]"，重新点击下方插入"保温层／空气"、"面层 1[4]"、"面层 2[5]"，将"保温层／空气"材质修改为"隔热层／保温层—空心填充"，厚度修改为"120"；将"面层 1[4]"材质修改为"水泥砂浆"，厚度修改为 20；将"面层 1[4]"，材质修改为"屋顶材料－油毡"，厚度设置为"6"；将"面层 2[5]"材质修改为"混凝土—现场浇注混凝土"，厚度设置为"40"；完成案例中平屋顶的创建（图 6.3-3）。

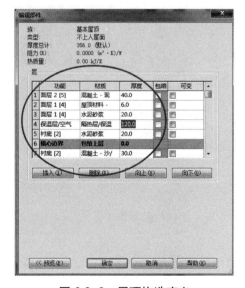

图 6.3-3　屋顶构造定义

2. 迹线屋顶的绘制

选择"绘制"面板中绘制模式为"边界线",绘制方式为"拾取墙",不勾选选项栏中的"定义坡度"(※ 注意:当勾选定义坡度后,设置坡度比例或坡度角,即可创建坡屋顶),修改"悬挑"为 0,勾选"延伸到墙中"选项(图 6.3-4)。

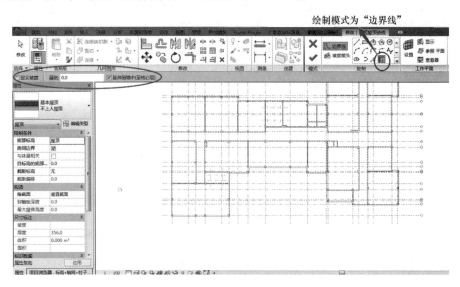

图 6.3-4　绘制方式

依次单击模型中的墙体内边界线位置,将沿着墙核心层边界生成屋顶轮廓边界线。在 13 轴位置处选择"直线 /"绘制(※ 注意:绘制屋顶与楼板一样,生成的边界线必须是闭合的轮廓线,否则无法创建生成屋顶),完成 1~13 轴左侧屋顶边界线创建。按 Esc 两次退出绘制边界线模式,单击"模式"面板中的 ✓ 按钮,完成左侧屋顶的绘制(※ 注意:如果墙体在多坡屋面下方,需要墙和屋顶连接时,可以选择"修改墙"面板中的"附着顶部 / 底部")(图 6.3-5)。

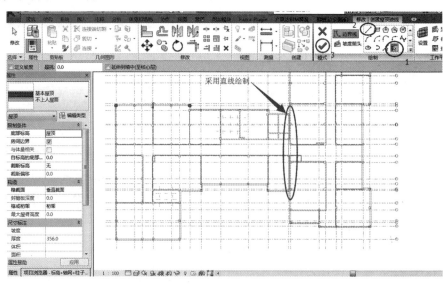

图 6.3-5　1~13 轴屋顶绘制

采用拾取墙和直线的方法绘制14~20轴的屋顶，绘制时要保证边界线连续闭合，完成案例中屋顶的创建（图6.3-6）。

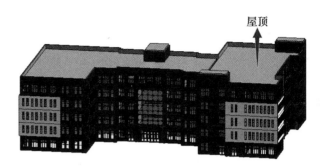

图6.3-6　屋顶效果图

6.3.2　拉伸屋顶

拉伸屋顶主要是通过在立面上绘制拉伸形状，按照拉伸形状在平面上拉伸而形成。拉伸屋顶的轮廓是不能在楼层平面上进行绘制的。

单击"建筑"选项卡→"构建"面板→"屋顶"→"拉伸屋顶"命令，如果初始视图是平面，则选择"拉伸屋顶"后，会弹出"工作平面"对话框。拾取平面中的一条直线，则软件自动跳转至"转到视图"界面，在平面中选择不同的线，软件弹出的"转到视图"中的选择立面是不同的。如果选择水平直线，则跳转至"南、北"立面；如果选择垂直线，则跳转至"东、西"立面；如果选择的是斜线，则跳转至"东、西、南、北"立面，同时三维视图均可跳转（图6.3-7）。

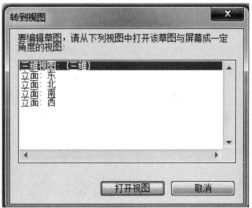

图6.3-7　拉伸屋顶设置

选择完立面视图后，软件弹出"屋顶参照标高和偏移"对话框，在弹出对话框中设置屋顶的参照标高及参照标高的偏移值（图6.3-8）。

图6.3-8　设置屋顶参照标高和偏移

可以在立面或三维视图中绘制屋顶拉伸截面线，无需闭合，绘制任意形状的屋顶线后，需在"属性"框中设置"拉伸起点/终点"（※ 注意：设置的"起点/终点"均以选取的"工作平面"为拉伸参照），同时可以在"编辑类型"设置屋顶的构造、材质、厚度、填充样式等类型属性，点击✔完成拉伸屋顶的创建（图 6.3-9）。

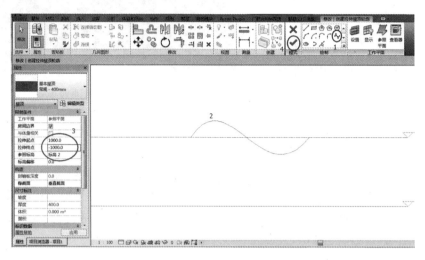

图 6.3-9　拉伸屋顶的创建

点击快速访问工具栏中的三维按钮 ⬡，可以查看绘制好的拉伸屋顶（图 6.3-10）；点击楼层平面视图中，可以看到绘制时设定的拉伸距离（图 6.3-11）。

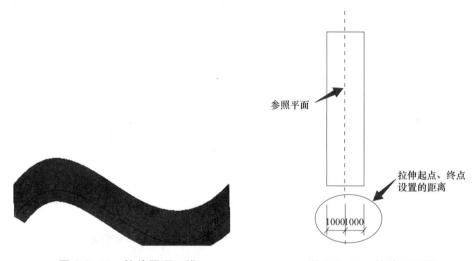

图 6.3-10　拉伸屋顶三维　　　　　图 6.3-11　拉伸平面图

6.4　栏杆、扶手创建

栏杆扶手是设置在楼梯段及平台临空边缘的安全保护构件，保证人们在楼梯处的通行安全，栏杆扶手必须坚固牢靠，并有足够的安全高度。扶手是设在栏杆顶部供人们上下楼梯扶用的连续配件。

Revit中扶手由两部分组成，即栏杆与扶手。在创建扶手前，需要在扶手类型属性对话框中定义扶手结构与栏杆类型，栏杆扶手除了可以自动生成以外，还可以单独绘制，单击"建筑"选项卡→"楼梯坡道"面板→"扶手栏杆"下拉列表→"绘制路径/放置在主体"，其中放置在主体上主要用于坡道或楼梯上的绘制（图6.4-1）。

图6.4-1　栏杆扶手菜单

6.4.1　栏杆、扶手创建

1. 绘制路径方式

"绘制路径"方式，绘制的路径必须是一条单一且连接草图，如果要将栏杆扶手分成几部分，需要分别创建两个或多个单独栏杆扶手，在楼梯梯段与平台处的栏杆是要分开绘制，绘制完路径后点击完成☑（图6.4-2）。

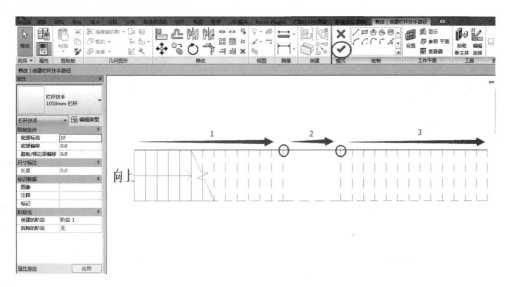

图6.4-2　绘制路径

对于绘制完的栏杆路径，需要点击"修改 | 栏杆扶手"上下文选项卡→"工具"面板→"拾取新主体"，才能使得栏杆落在主体上（图6.4-3）。

2. 放置在主体方式

点击"楼梯坡道"面板→"扶手栏杆"下拉列表→"放置在主体"，在"修改 | 创建主体上的栏杆扶手位置"选项卡中"位置"面板选择放置位置，点击楼梯主体，完成栏杆扶手的放置（图6.4-4）。

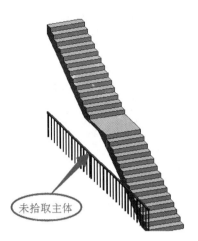

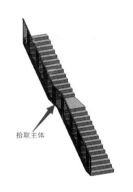

图 6.4-3　栏杆路径

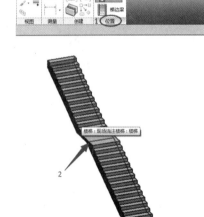

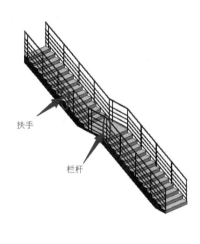

图 6.4-4　放置在主体栏杆绘制

6.4.2　栏杆扶手编辑

　　选中绘制的栏杆，在"属性"栏下拉列表中可选择其他扶手替换，如果没有所需的栏杆，可通过"载入族"方式载入。

　　选择扶手后，单击"属性"对话框中的"编辑类型"，弹出"类型属性"对话框（图 6.4-5）。

　　单击扶栏结构的"编

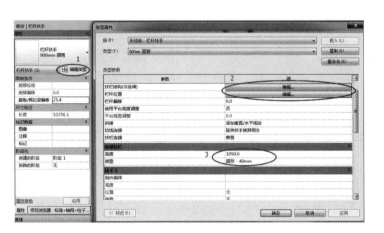

图 6.4-5　栏杆扶手编辑

辑"按钮，打开"编辑扶手"对话框，可插入新的扶手；"轮廓"可通过载入"轮廓族"载入选择。在此对话框中能为每个扶手指定的属性有高度、偏移、轮廓和材质，如果需要另外创建扶手，可以点击插入，单击"向上"或"向下"调整扶手位置，设置完成后点击"确定"（图 6.4-6）。

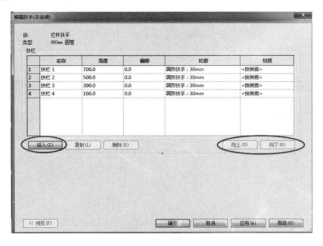

图 6.4-6　编辑扶手

单击栏杆位置"编辑"按钮，打开"编辑栏杆位置"对话框，可编辑"栏杆族"的相对位置、偏移等参数，以及相邻两个栏杆的距离（图 6.4-7）。

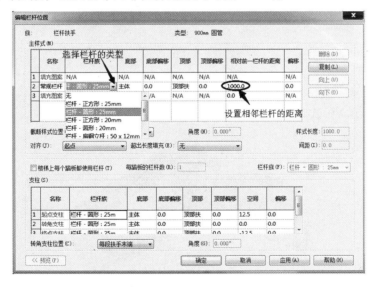

图 6.4-7　编辑栏杆属性

6.5　其他构件创建

6.5.1　绘制洞口

Revit 中除使用轮廓边界绘制墙立面轮廓、屋顶、楼板洞口以外，还可以使用"洞口"

工具在墙、楼板、天花板、屋顶上剪切洞口。

单击"建筑"选项卡"洞口"面板，Revit 中提供了"按面"、"竖井"、"墙"、"垂直"、"老虎窗"五种创建洞口的方法。

1. 创建面洞口

单击"建筑"选项卡"洞口"面板中"按面洞口"命令，点击拾取屋顶、楼板、天花板的某一面，进入草图绘制模式，绘制洞口形状，于该面进行垂直剪切，完成洞口创建（图 6.5-1）。

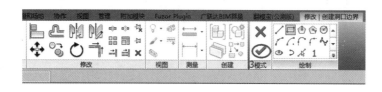

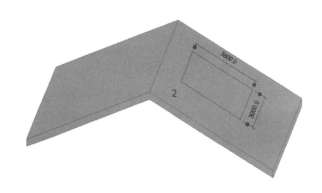

图 6.5-1　面洞口创建

点击"完成编辑模式"创建面洞口（图 6.5-2）。

图 6.5-2　创建的面洞口

2. 创建竖井洞口

单击"洞口"面板"竖井洞口"，进入草图绘制轮廓模式。在属性选项卡中设置顶底偏移值及洞口的裁切高度，也可在立面、三维视图中选择竖井洞口利用上下箭头调节洞口裁切高度，然后在平面视图绘制洞口形状，点击"完成编辑模式"创建竖井洞口（图 6.5-3）。

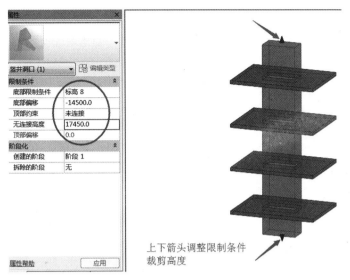

图 6.5-3 竖井洞口创建

3. 创建墙洞口

单击"墙洞口"可以在直墙或曲面墙中剪切一个矩形洞口，可以通过使用拖拽控制箭头修改洞口的尺寸和位置，完成墙洞口创建（图 6.5-4）。

4. 垂直洞口

单击"垂直洞口"，拾取屋顶、楼板或天花板，进入草图绘制模式，绘制洞口形状，单击"完成编辑模式"完成洞口创建（※注意：垂直洞口和面洞口区别在于垂直洞口的侧壁是垂直于水平面的，面洞口的侧壁是垂直于所属面的）（图 6.5-5）。

5. 老虎窗洞口

选择"建筑"选项卡"墙"功能"常规 200mm"墙在屋顶上绘制老虎窗所需的三面墙体，用来创建老虎窗上的双坡屋顶（图 6.5-6）。

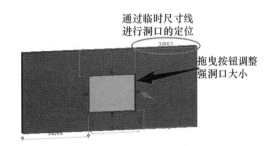

图 6.5-4 墙洞口创建

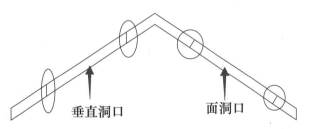

图 6.5-5 垂直洞口

图 6.5-6 绘制墙体

在平面视图中选择"建筑"选项卡"屋顶"中属性为"常规125mm屋顶",设置"悬挑"为"400",定义双坡坡度为30°,点击"完成编辑"创建老虎窗双坡屋顶(图6.5-7)。

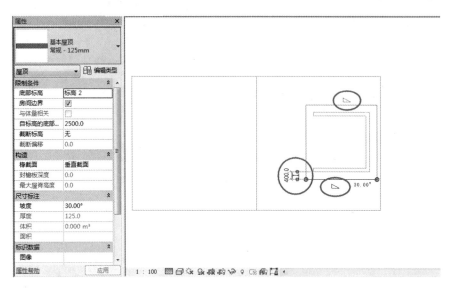

图 6.5-7 老虎窗双坡屋顶

点击墙体,在"修改墙"面板下选择"附着顶部/底部"将三面墙体附着在屋顶之下,完成墙体附着(图6.5-8)。

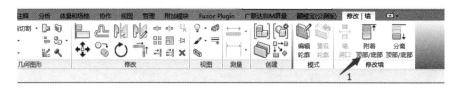

图 6.5-8 墙体附着

单击"修改"选项卡"几何图形"面板上"连接/取消连接屋顶⬚"按钮,点击双坡屋顶端点需连接的一条边,在坡屋面屋顶上选择要连接的面,将老虎窗屋顶与主屋顶进行连接处理（图 6.5-9）。

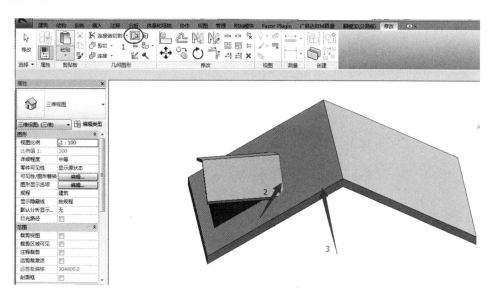

图 6.5-9　连接屋顶

单击"老虎窗洞口"命令，拾取主屋面屋顶，进入"拾取边界"模式，选择老虎窗屋顶底面、墙内侧面等边界，完成老虎窗边界拾取（图 6.5-10）。

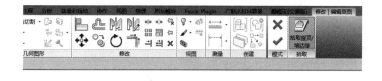

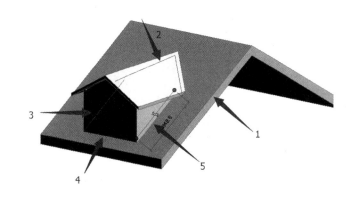

图 6.5-10　老虎窗洞口边界拾取

将拾取的老虎窗洞口边界线通过"修改"面板中"延伸/修剪"工具进行修剪，形成闭合的洞口边界线，点击完成老虎窗洞口的剪切（图 6.5-11）。

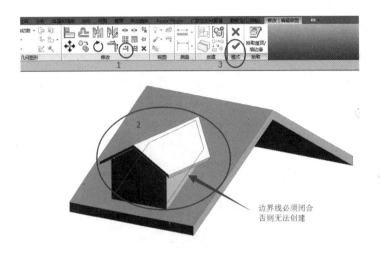

图 6.5-11　边界线修改

在三维视图中查看剪切后的老虎窗洞口（图 6.5-12）。

图 6.5-12　老虎窗洞口创建

6.5.2　台阶、坡道创建

1. 台阶创建

台阶在 Revit 里是通过添加轮廓族来创建的，通过点击"楼板"面板工具中"楼板边缘"载入对应的台阶轮廓族来创建台阶，本次以案例中的"9~11"轴台阶为例讲解台阶的创建。

点击"建筑"选项卡"工作平面"面板中"参照线"绘制台阶 450 厚面板的定位线，距离 9 轴、11 轴距离 450mm（图 6.5-13）。

点击"建筑"选项卡"楼板—建筑"。在"属性"面板中创建"常规 –450mm"，绘制宽度为"3000"，绘制完楼板边界后点击面板中的"完成楼板编辑✓"按钮，完成台阶面板绘制（图 6.5-14）。

创建台阶轮廓族。单击"应用程序菜单"按钮，选择"新建—族"命令，弹出"新族—选择样板文件"对话框，在对话框中选择"公制轮廓 .rft"族样板文件，单击"打开"按钮进入轮廓族编辑模式（图 6.5-15）。

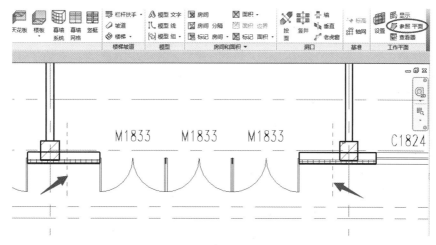

图 6.5-13　台阶面板定位线

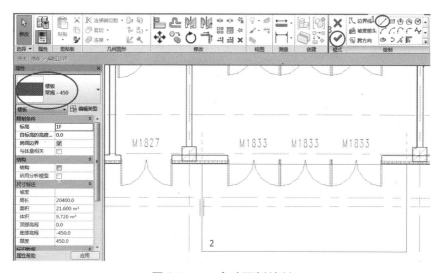

图 6.5-14　台阶面板绘制

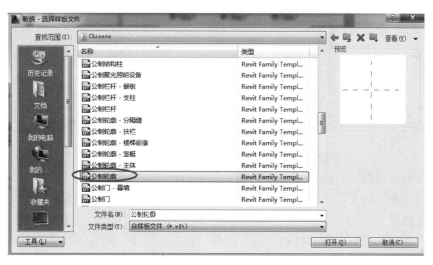

图 6.5-15　公制轮廓族

在"创建"选项卡中选择"直线"绘制，在绘制面板选择"直线"绘制台阶轮廓，点击"载入到项目"，即可在项目中载入绘制的台阶轮廓族（图 6.5-16）。

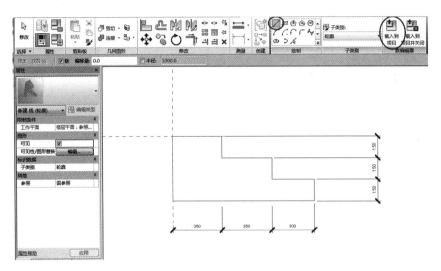

图 6.5-16　台阶轮廓族绘制

点击"建筑"选项卡"楼板"。选择"楼板—楼板边"，在"属性"对话框中点击"类型属性"，在弹出的"类型属性"对话框中"构造—轮廓"选择"族 1"（刚刚创建的台阶族），可以在"材质"一栏中为创建的台阶设置材质，完成台阶族的设置（图 6.5-17）。

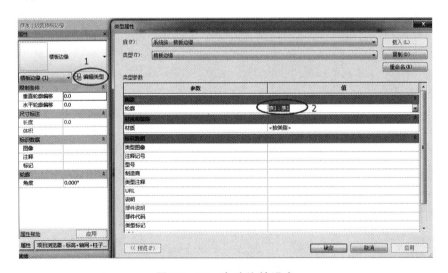

图 6.5-17　台阶族的设定

点击台阶面板边线，Revit 自动识别板边，完成台阶的创建（图 6.5-18）。

点击"快速访问工具栏"中"默认三维视图 "按钮查看绘制的台阶（图 6.5-19）。

2. 坡道创建

单击"建筑"选项卡中"楼梯坡道"面板"坡道"命令，则在弹出的"修改 | 创建坡道草图"选项卡中，和楼梯一样，通过"梯段"、"边界"、"踢面"三种方式来创建坡道

(图 6.5–20)。

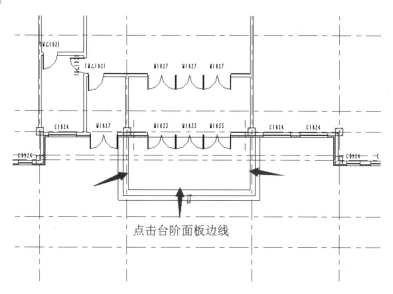

图 6.5-18　台阶创建

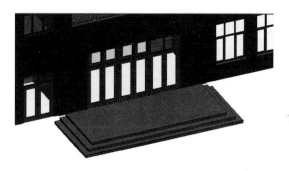

图 6.5-19　台阶三维显示

图 6.5-20　坡道面板

坡道的绘制与楼梯绘制基本一致，但是需要注意的是坡道的类型属性中有一个"坡道最大坡度（1/X）"参数，最大坡度限制数值为坡面垂直高度与水平宽度之比，X 为边坡系数（图 6.5-21）。

在"属性"对话框中可以设置坡道的"底部 / 顶部标高与偏移"以及坡道的宽度；在"类型属性"设置最大斜坡长度与坡度；在"修改"的"工具"面板选择"栏杆扶手"可以为坡道设置栏杆扶手。

选择绘制坡道的方式，绘制坡道，点击"完成编辑模式"即可绘制坡道（图 6.5-22）。

点击三维视图，查看绘制好的坡道，点击坡道可以重新对其进行参数的修改（图 6.5-23）。

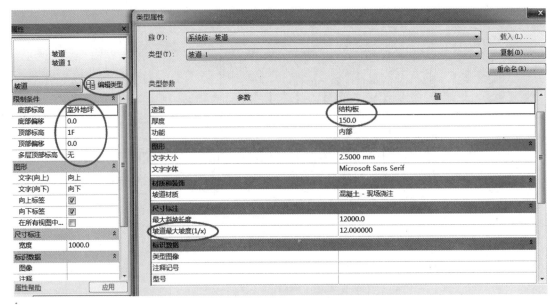

图 6.5-21　坡道属性设置

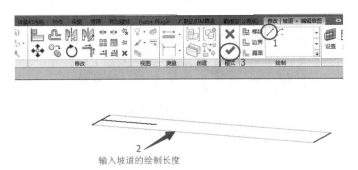

输入坡道的绘制长度

图 6.5-22　绘制坡道

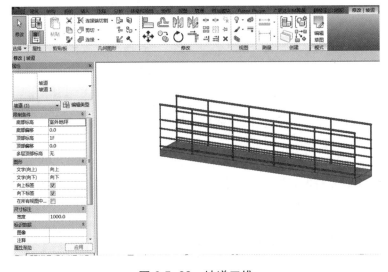

图 6.5-23　坡道三维

第七章 建筑设备（MEP）专业建模

7.1 Revit MEP 软件优势

Revit MEP 软件是一款智能的设计和制图工具，Revit MEP 可以创建建筑设备及管道工程的建筑信息模型，通过 Revit MEP 软件进行水暖电专业设计和建模主要有以下优势：

1. 工程量统计准确，降低损耗率

在实际项目中对于材料量的统计至关重要，而统计材料工程量却对项目的前期材料购买，项目建造过程中材料的使用率等有重大影响。利用 Revit MEP 可将项目中所有管路、线路绘制完整，一方面解决了二维图纸中的计算竖直管路的工程量；另一方面以三维形式进行展现，可将管与线、管与管、设备与设备等碰撞，进行前期分析并进行修改，减少施工过程中的损耗。

2. 借助参数化管理，冷热负荷多参数校验

在 Revit MEP 中将系统构件参数化编辑，将建筑物内进行房间区分，并将房间内暖通冷热负荷、风管的压力报告、给排水专业水管的压力分析和电气专业的线路问题，包括建筑的能量分析，可进行计算，也可导出 txt 文本进行保存，通过对数值的分析来完善建筑系统。

3. 加强沟通，提升协作

在 Revit MEP 中将建筑设备及管道进行绘制。在绘制过程中将设备碰撞与放置合理性等内容在内部进行检查，如有不合理要与专业负责人、甲方负责人及时沟通、及时修改，再与其他专业进行交互检查，并进行修改，以避免返工所带来的损失。在过程中进一步增强设计人员内部合作，设计人与甲方、设计人与施工方的协作能力，提升施工效率。

7.2 电气系统的绘制

7.2.1 电气设置

在项目中进行电气系统的创建之前，需要在项目中对系统进行相关的设置。在"系统"选项卡→"电气"面板→"电气设置"，快捷键: ES（图 7.2-1）。

在"电气设置"对话框中（图 7.2-2），通过左边的树状选项栏选择每项。在对应的后面选项中设置其参数，一般按照具体项目要求进行设置。电气系统的设置主要有常规、配线、电缆桥架、线管设置几项，单击每项都可展开具体的设置内容，然后进行相关的设置。设置完成后单击"确定"按钮返回。

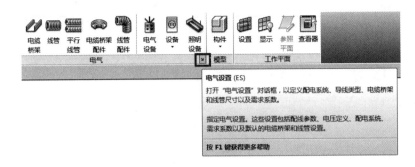

图 7.2-1　电气设置

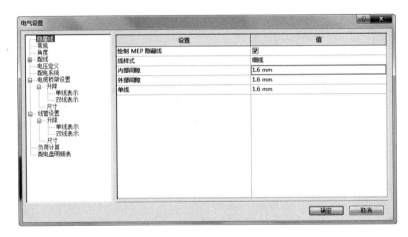

图 7.2-2　"电气设置"对话框

7.2.2　电缆桥架

Revit MEP 提供了两种不同的电缆桥架形式："带配件的电缆桥架"和"无配件的电缆桥架"。"无配件的电缆桥架"适用于设计中不明显区分配件的情况。"带配件的电缆桥架"和"无配件的电缆桥架"是作为两种不同的系统族来实现的，并在这两个系统族下面添加不同的类型。Revit MEP 提供的"机械样板"项目样板文件中分别给"带配件的电缆桥架"和"无配件的电缆桥架"配置了默认类型，如图 7.2-3 所示。

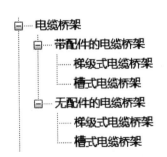

图 7.2-3　电缆桥架类型

"带配件的电缆桥架"的默认类型有：实体底部电缆桥架、梯级式电缆桥架和槽式电缆架。"无配件的电缆桥架"的默认类型有：单轨电缆桥架和金属丝网电缆桥架。其中，"梯级电缆桥架"的形状为"梯形"，其他类型的截面形状为"槽形"。和风管、管道一样，项目前要设置好电缆桥架类型。可以用如下方法查看并编辑电缆桥架类型：单击"系统"选项卡 > "电气" > "电缆桥架"，在"属性"对话框中单击"编辑类型"按钮，如图 7.2-4 所示。

接下来就可直接绘制桥架，在平、立、剖视图和三维视图中均可以绘制水平、垂直和倾斜的电缆桥架。单击"系统"选项卡 > "电气" > "电缆桥架"，快捷键：CT（图 7.2-5）。

（1）选中电缆桥架类型。在电缆桥架"属性"对话框中选中需要绘制的电缆桥架类型，如图 7.2-6 所示。

（2）选中电缆桥架尺寸。在"修改放置电缆桥架"选项栏的"宽度"下拉列表中选择电缆桥架尺寸，也可以直接输入需绘制的尺寸。如果在下拉列表中没有该尺寸，系统将自动选中和输入尺寸最接近的尺寸。使用同样的方法设置"高度"。

（3）指定电缆桥架偏移。默认"偏移量"是指电缆桥架中心线相对于当前平面标高的距离。在"偏移量"下拉列表中，可以选项目中已经用到的偏移量，也可以直接输入自定义的偏移量数值，默认单位为毫米。

（4）指定电缆桥架起点和终点。在绘图区域中单击即可指定电缆桥架起点，移动至终点位置再次单击，完成一段电缆桥架的绘制。可继续移动鼠标绘制下一段。在绘制过程中根据绘制路线，在"类型属性"对话框中预设好的电缆桥架管件将自动添加到电缆桥架中。绘制完成后按 Esc 键或者点击鼠标右键，在弹出的快捷菜单中选择"取消"命令退出电缆桥架绘制。垂直电缆桥架可在立面视图或剖面视图中直接绘制，也可以在平面视图中绘制，在选项栏中改变将要绘制的下一段水平桥架的"偏移量"，就能自动连接出一段垂直桥架。

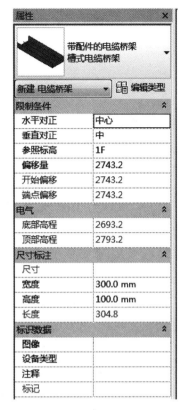

图 7.2-4 电缆桥架属性

图 7.2-5 绘制电缆桥架

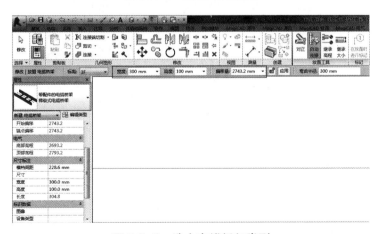

图 7.2-6 选中电缆桥架类型

注：在绘制 Revit MEP 设备中常发生所创建的图元在视图不可见的警告，如图 7.2-7 所示。

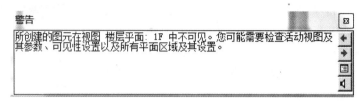

图 7.2-7　可见性警告

可选中项目浏览器中对应其图层，然后在属性栏中对视图范围进行修改，如图 7.2-8 所示。

图 7.2-8　视图范围编辑

在视图范围编辑栏中对于每项数值进行修改，即可在此图层观看到该构件，如图 7.2-9 所示。

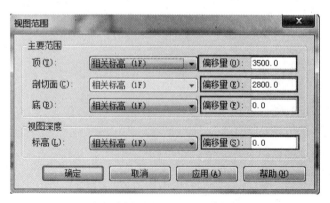

图 7.2-9　视图范围数值编辑

1）电缆桥架对正

在平面视图和三维视图中绘制管道时，可以通过"修改放置电缆桥架"选项卡中放置工具对话框的"对正"按钮指定电缆桥架的对齐方式。单击"对正"按钮，弹出"对正设置"对话框，如图7.2-10所示。

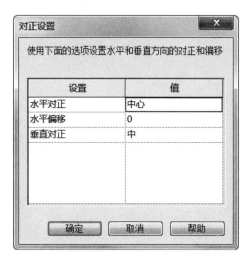

图 7.2-10 "对正设置"对话框

① 水平对正：用来指定当前视图下相邻两段管道之间的水平对齐方式。"水平对正"方式有："中心"、"左"和"右"。

② 水平偏移：用于指定绘制起始点位置与实际绘制位置之间的偏移距离。该功能多用于指定电缆桥架和前面提及的其他参考图元之间的水平偏移距离。

③ 垂直对正：用来指定当前视图下相邻段之间的垂直对齐方式。"垂直对正"方式有："中"、"底"和"顶"。"垂直对正"的设置会影响"偏移量"。

另外，电缆桥架绘制完成后，可以使用"对正"命令修改对齐方式。选中需要修改的电缆桥架，单击功能区中的"对正"按钮，进入"对正编辑器"，选中需要的对齐方式和对方向，单击"完成"按钮，如图7.2-11所示。

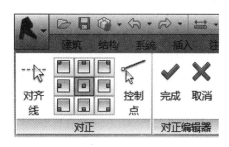

图 7.2-11 对正编辑器

2）自动连接

在"修改放置电缆桥架"选项卡中有"自动连接"选项，如图7.2-12所示。在默认情况下，该选项是激活的。

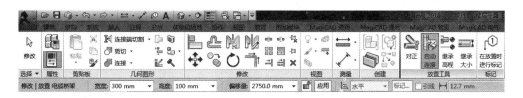

图 7.2-12 "自动连接"选项

　　激活与否将决定绘制电缆桥架时是否自动连接到相交电缆桥架上，并生成电缆桥架配件。当激活"自动连接"时，在两直段相交位置自动生成四通；如果不激活，则不生成电缆桥架配件（此方法同样适用于管道和风管），两种方式如图 7.2-13 所示。

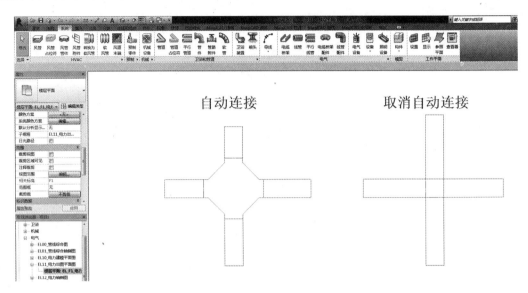

图 7.2-13　自动连接

3）放置和编辑电缆桥架配件

电缆桥架连接中要使用电缆桥架配件。下面将介绍绘制电缆桥架时配件族的使用。

① 放置配件

在平、立、剖视图和三维视图中都可以放置电缆桥架配件。放置电缆桥架配件有两种方法：自动添加和手动添加。

A. 自动添加：在绘制电缆桥架过程中自动加载的配件需在"电缆桥架类型"中的管件参数中指定。

B. 手动添加：在"修改放置电缆桥架配件"模式下进行。进入"修改放置电缆桥架配件"有如下方式：

a. 单击"系统"选项卡 >"电气">"电缆桥架配件"，如图 7.2-14 所示。

图 7.2-14　电缆桥架配件

b. 在项目浏览器中展开"族">"电缆桥架配件"，将"电缆桥架配件"下的族直接拖到绘图区域。快捷键：TF。

② 编辑电缆桥架配件

在绘图区域中单击某一淡蓝桥架配件后，周围会显示一组控制柄，可用于修改尺寸、调整方向和进行升级或降级，如图 7.2-15 所示。

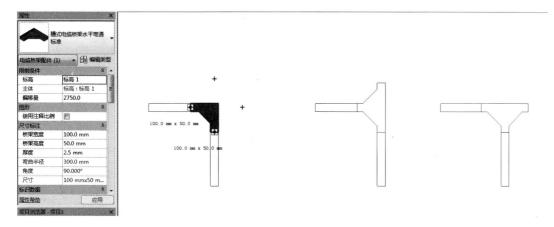

图 7.2-15　电缆桥架配件类型的调整

A.在配件的所有连接件都没有连接时，可单击尺寸标注改变宽度和高度，如图 7.2-16*a* 所示。

B.单击双箭头符号可以实现配件水平或垂直翻转 180°。

C.单击旋转符号可以旋转配件。注意：当配件连接了电缆桥架后，该符号不再出现，如图 7.2-16*b* 所示。

如果配件的旁边出现加号，表示可以升级该配件，如图 7.2-16*c* 所示。例如，带有未使用连接件的四通可以降级为 T 形三通；带有未使用连接件的 T 形三通可以降级为弯头。如果配件上有多个未使用的连接件，则不会显示加、减号。

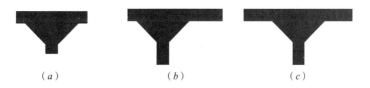

（*a*）　　　　　　　　（*b*）　　　　　　　　（*c*）

图 7.2-16　电缆桥架配件的调整

7.2.3　电气设备的放置

在软件中将电气设备分为：电气装置、通信、数据、火警、照明、护理呼叫、安全、电话等。

按照具体项目的实际需求，然后选择"设备"下的模块，再将与其对应的模块进行载入到项目之中，如选与之类型不符合则不能进行导入。

在"修改|放置设备上下文"选项卡下"模式"面板中，单击"载入族"按钮，进入"载入族"对话框，通过"China—机电"查找机电文件栏下，如图 7.2-17 所示。

该文件夹下的"照明"文件夹中，分别都包含多种设备，当某些设备无法载入时，可通过载入构件的方法载入。根据项目需要，从对应的文件夹中找到需要的族类型 rfa 文件，

选择后，单击"打开"按钮，这样需要的设备族就载入到当前的项目中。在属性框类型选择器下拉列表中就能找到已载入的新设备族。

图 7.2-17　设备载入对话框

完成设备族的载入后，这时就可把设备放置到项目模型中去，放置的方法和电气设备相同。设备族大多数都是基于主体的构建族，所以在放置前，需要创建好相应的墙体或天花板。

以放置照明装置为例，在"修改放置设备上下文"选项卡下"模式"面板中，单击"载入族"按钮，进入照明装置载入族对话框，通过"China—机电—照明"查找到照明文件栏下，如图 7.2-18 所示。

从该文件夹目录可看出照明设备大体主要分为室内灯、室外灯和特殊灯具，每个文件夹对应包含多种样式照明设备。根据项目需要，从对应的文件夹中找到需要的族类型 *.rfa 文件，选择后，单击"打开"按钮，这样需要的照明设备族就载入到当前项目中。在属性框类型选择器下拉列表中就能找到已载入的新照明设备族。

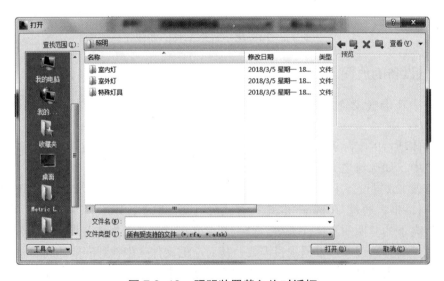

图 7.2-18　照明装置载入族对话框

在这里以放置吸顶灯为例，单击照明设备，在类型选择器下拉列表中找到吸顶灯并单击，放置前还需要根据项目实际情况调整吸顶灯的各项参数，包括类型属性参数和实例参数。单击"编辑类型"按钮，进入照明设备类型属性对话框，如图 7.2-19 所示。

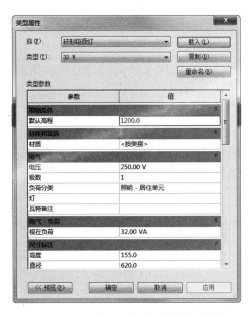

图 7.2-19 照明设备类型属性对话框

在类型属性框中，该族文件已包含的参数项均对应相关数值，根据项目的实际情况来更改对应项的参数值，包括：材质、电气参数、电气，负荷参数等。在类型（T）一栏，可选择不同的功率大小。完成后单击"确定"按钮返回到放置状态。

在"上下文"选项卡下"放置"面板中选择"放置在面上"，将光标移动到绘图区域，光标附近会显示该灯具的平面图，随着光标的移动而移动。在天花板的指定位置处单击放置该灯具，可通过修改临时尺寸标注值将设备放置到更为精确的位置上。

注:在设备放置过程中要注意放置位置，在 Revit MEP 中给出了几种放置的选项:"垂直于平面"、"在面上放置"、"在工作平面上"。

"垂直于平面"是将设备垂直放置于该面上，适用于"插座"、"壁灯"等形式。

"在面上放置"是将设备放置在实体物表面，适用于"基于天花板"、"办公桌台灯"等形式，如图 7.2-20 所示。

"在工作平面上"是将设备放置于标高、轴网基准平面处，不常使用。

因大多数照明设备是基于主体（天花板或墙）的构件。所以在放置之前，要确保已完成主体的创建，也要保证后期基准主体的完整，如意外删除（移动）主体，其所依附的主体也会随之删除（移动）。

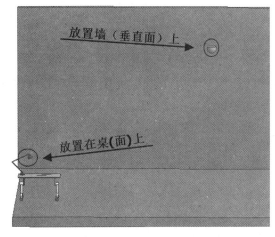

图 7.2-20 设备放置位置

7.3 暖通系统的绘制

7.3.1 暖通设置

和电气系统类似，在项目中进行风系统的创建之前，需要在项目中对系统进行相关的设置。在"系统"选项卡→"HVAC"面板→"机械设置"，快捷键：MS，如图 7.3-1所示。

在"机械设置"对话框中通过左边的树状选项栏，选择风管设置，在对应的后面选项中设置其参数，一般按照具体项目要求进行设置。风系统的设置主要有角度、转换、矩形、椭圆形、圆形、计算几项，单击每一项都可进行相关的设置，设置完成后单击"确定"按钮返回。

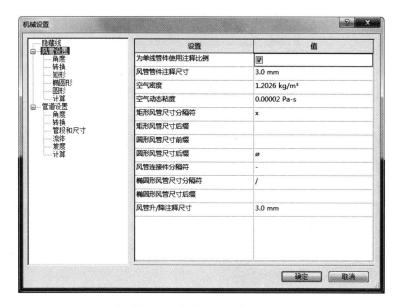

图 7.3-1　"机械设置"对话框

7.3.2 暖通设备

根据具体项目实际情况，在放置机械设备族前，将项目中需要的族类型文件载入到当前的项目中。单击"系统"选项卡 > "机械设备" > "机械设备"，快捷键：ME。在"修改 | 放置机械设备上下文"选项卡下"模式"面板中，单击"载入族"按钮，进入"载入族"对话框，选择需要载入的机械设备族文件后，单击"打开"按钮，执行机械设备族文件的载入，如图 7.3-2 所示。

完成机械设备族文件的载入后，在实例属性框类型选择器下拉列表中就能找到载入的机械设备族。接下来可把设备实例放置到项目模中去，并与已有的各种管道进行连接，形成完整的系统。

图 7.3-2　机械设备族载入对话框

在类型选择器下拉列表中选择需要添加的机械设备族，选择相关族及类型时可结合类型搜索功能。放置前需要根据项目实际情况调整设备的各项参数，包括类型属性参数和实例参数。单击"编辑类型"按钮，进入机械设备类型属性对话框，如图7.3-3所示。

图 7.3-3　机械设备类型属性对话框

在类型属性框中，该族文件已包含的参数项均对应相关数值，根据项目的实际情况来更改对应项的参数值，包括：材质、机械参数、尺寸大小等，完成后单击"确定"按钮返回到放置状态。

在属性框中设置该族的实例参数，主要是放置标高设置，以及基于标高的偏移量。设置完成后单击"应用"按钮。

在修改|放置机械设备，"放置基准"面板下选择放置基准，包括放置在垂直面上、放置在面上、放置在工作平面上三种放置方式。放置时参考电气设备放置方式。

将光标移动到绘图区域，光标附近会显示设备的平面图，随着光标的移动而移动。这时按空格键可对设备进行旋转，每按一次空格键，设备旋转 90°。

在指定位置处单击放置设备，再次单击设备，可通过修改临时尺寸标注值将设备放置到更为精确的位置上。

在项目中放置完机械设备后，下一步要将机械设备连接到系统中，也就是将机械设备与相应的管道进行连接。连接的方法有两种，可根据实际情况选择。

若采用绘制管道与已有的管道进行连接，单击选择已放置的设备，这时会显示出所有与该设备连接的管道连接件，如图 7.3-4 所示。

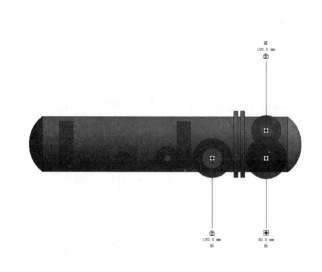

图 7.3-4　机械设备的连接件

这时在图 7.3-4 中所示的管道符号 150.0 mm 或连接件加号 50.0 mm 上点击鼠标右键，在快捷菜单中，选择会绘制管道或绘制软管等，如图 7.3-5 所示。

选择"绘制管道"选项，这时软件进入绘制管道状态，在属性框中设置管道的类型属性参数和实例属性参数，然后根据该系统预留管的位置，绘制设备与预留管之间的管段。同种方法可绘制设备的其他系统管道。

若采用设备连接到管道的方法，软件能够快速根据设备与预留管之间的位置，自动生成连接方案。这种方法快速、简单，但有时候由于空间位置狭小等缘故软件不能生成相应的管道，需要按照上述方法手动绘制。

单击已放置的设备，这时在"修改|机械设备上下文"选项卡下"布局"面板中，单击"连接到"按钮，这时软件会弹出"选择连接件"对话框，如图 7.3-6 所示，对话框中的连接件均是该设备族在创建时所添加的。

图 7.3-5　机械设备右键菜单

在此对话框中，可了解到要与该设备连接的管道系统类型，以及管道样式、尺寸大小等。选择其中某个连接件后，单击确定按钮，这时光标附近出现小加号，并提示"拾取一个管道以连接到"。在已有的预留管道中，找到符合该连接件的系统管道，高亮显示后单击，这时软件就自动生成了连接，这样就完成了该连接件的绘制。

此方法在三维模式下进行连接到管道，能够直观看到系统自动生成管道的过程。

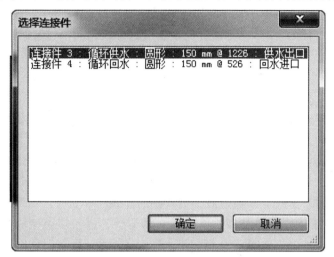

图 7.3-6　"选择连接件"对话框

7.4　给排水系统的绘制

7.4.1　给排水设置

和电气系统类似，在项目中进行给排水系统的创建之前，需要在项目中对系统进行相关的设置。在"系统"选项卡→"卫浴和管道"面板→"机械设置"，快捷键: MS。如图7.4-1 所示。

图 7.4-1　"机械设置"对话框

在"机械设置"对话框中，通过左边的树状选项栏，选择管道设置，在对应的后面选项中设置其参数，一般按照具体项目要求进行设置。管道系统的设置主要有角度、转换、管段和尺寸、流体、坡度、计算。单击每一项都可进行相关的设置，着重注意管段和尺寸以及坡度两项。设置完成后单击"确定"按钮返回。

在 Revit MEP 软件中，给排水与暖通的设备放置方式相同，可遵循暖通设备放置标准。

7.4.2 管道设置

（1）管道设置

给排水管道其样式均为圆形，按照系统类型的不同可分为给水管道、排水管道、雨水管道、喷淋管道、消火栓管道等。按照其材质的不同又可分为 PP-R 管、U-PVC 管、镀锌钢管、PE 管等，根据系统的要求选择相应材质的管道。在项目中创建管道系统时，除了要设定管道的系统，还有个重要的设置就是管道的布管系统配置。布管系统配置的设置，决定了在绘制管道时，弯头、四通过渡件等管件的样式。

在属性框中选择某种管道类型，单击"编辑类型"进入"类型属性"对话框，单击"布管系统配置"该项后的"编辑"按钮，进入管道布管系统配置对话框，如图 7.4-2 所示。

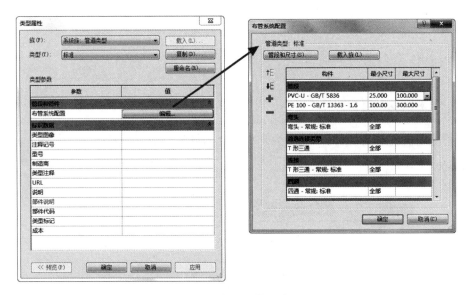

图 7.4-2　管道布管系统配置

在此对话框中，可看到与之前风管的布管系统配置有所不同，在每一项后面都增加了最小尺寸、最大尺寸设置。可根据管道尺寸大小的不同从而设定不同的管段材质和管件样式。举例如图 7.4-2 所示，在管段设置下，规定了当 25mm ≤ DN<100mm 时选用 PVC-U 材质的管道，当 100mm ≤ DN<300mm 时选用 PE 材质的管道。以此为例，可为每一项都进行详细的设置，如果在最小尺寸一栏选择了"全部"，则表示当前所选的管段或管件满足于任何直径大小的管道。

继续单击每项下边的选项栏，在下拉列表中，根据项目的实际需求选择对应样式的管件。设置完成后单击"确定"按钮返回到"类型属性"对话框，再次单击"确定"按钮返回到绘制状态，完成设置。

与风管相同，在绘制管道时，管道的对正设置也很重要，有时根据项目的实际情况，某些管道需要靠墙边敷设或梁底敷设，这时设定对正方式很有必要，可参照电气桥架对正设置。

（2）管道绘制

在完成布管系统的设置后，就可在绘图区域中绘制管道，在属性框中，从类型选择器下拉列表中选取某类型管道，若没有可通过"类型属性"对话框复制创建新的管道类型，然后再指定布管系统配置即可。

在选项栏中，设置管道的直径，若下拉列表中没有想要选择的尺寸，这时就需要在机械设置中重新添加该管段类型的尺寸，不能像风管那样直接输入具体数值。添加的方法如下：

单击进入"机械设置"对话框，在左边的树状栏中选择"管道设置"下的"管段和尺寸"项，如图 7.4-3 所示。

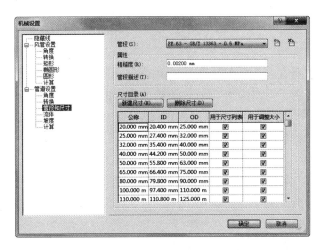

图 7.4-3 "管道设置"对话框

如图 7.4-3 所示的对话框中进行尺寸的添加，在管段一栏，从下拉列表中选择需要添加尺寸的管材类型，属性栏可先不管，然后单击尺寸目录下的"新建尺寸"按钮，弹出如图 7.4-4 所示的"添加管道尺寸"对话框。

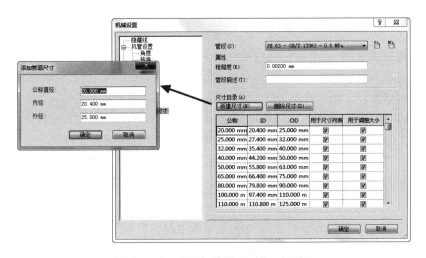

图 7.4-4 "添加管道尺寸"对话框

在该对话框中，输入新的管道直径信息，包括：公称直径、内径、外径尺寸，完成后单击"确定"按钮，这时在尺寸目录下就可找到新建的尺寸信息。再次单击"确定"按钮返回到选项栏，从"直径"下拉列表中选取将要绘制管段的尺寸。

选定管段尺寸后，再来设置管道的偏移量，选项栏中的偏移量与"属性"面板中的一致。小锁指示锁定/解锁管段的高程。

在绘制的过程中，在"上下文"选项卡下的面板中，继续进行设置，如图7.4-5所示。

图 7.4-5　管道放置面板

① 对正：与风管一致。

② 自动连接：表示在开始或结束管段时，可自动连接构件上的捕捉。此项对于连接不同高程的管段非常有用。但当沿着与另一条管道相同的路径以不同偏移量绘制管道时，此时取消勾选"自动连接"，以避免生成意外连接。

③ 继承高程：表示继承捕捉到的图元的高程。

④ 继承大小：表示继承捕捉到的图元的大小。

设置带坡道的管道参数：

① 禁用坡度：表示绘制不带坡度的管道。

② 向上坡度：表示绘制向上倾斜的管道。

③ 向下坡度：表示绘制向下倾斜的管道。

④ 坡度值：表示在"向上坡度"或"向上坡度"处于启用状态时，制定绘制倾斜管道时使用坡度值。如果下拉列表中没有想要的坡度值，可在"机械设置"对话框中进行添加。"显示坡度工具提示"表示在绘制倾斜管道时显示坡度信息，坡度信息随着光标的移动不断变化。

⑤ 忽略坡度以连接：表示控制倾斜管道是使用当前的坡度值进行连接，还是忽略坡度值直接连接。

（3）设置管道标注。

在放置时进行标记：表示在视图中放置管段时，将默认注释标记应用到管段。

（4）绘制管道。

① 水平管道绘制：在绘图区域中的指定位置处单击以作为管道的起点，水平滑动鼠标，再次单击以作为管道的终点，按 Ese 键退出绘制状态，软件在拐弯处自动生成相应的弯头。

② 立管的绘制：设置第一次的偏移量高度，在绘图区域中单击，保持此状态，将选项栏中的偏移量设置为另一高度值，可正可负。单击选项栏中的"应用"按钮两次，按 Esc 键退出绘制状态，这时管道的立管即可生成。

在绘制过程中，若将要绘制的管道尺寸、偏移量等在之前绘制过，可直接选择已绘制好的管段，单击鼠标右键，在命令功能区中选择"创建类似实例"命令，软件自动跳转到绘制管道状态，且各参数值与选择的管道一致。

7.5 案例与实操

7.5.1 链接 Revit、插入 CAD

请各位同学按照以上所讲授内容，绘制案例工程一层 MEP 模型。

运行 Revit2016 后，在启动界面的"项目"栏中选择"新建 Revit 项目文件"命令（图 7.5-1）。

图 7.5-1 新建 Revit 项目文件

在弹出的"新建项目"对话框中选择系统样板（图 7.5-2），并将其打开，则出现初始界面，如图 7.5-3 所示（注意：此时选择样板可供给排水、暖通、电气三专业共同使用。）。

图 7.5-2 选择样板

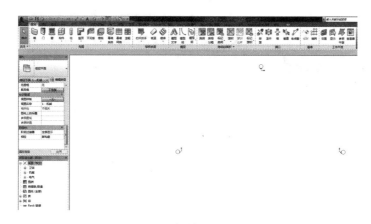

图 7.5-3 初始界面（一）

单击"插入"选项卡 >"链接"> "链接 Revit"，将其对应的 Revit 文件打开，将文件定位位置修改为自动—原点到原点。如图 7.5-4 所示，将其进行打开。

图 7.5-4　初始界面（二）

对原模型基准（标高轴网）进行复制(监视) :单击"协作"选项卡 >"复制 / 监视">"选择链接">，将鼠标移动至链接模型上，当链接模型显示淡蓝色，点击鼠标左键，将出现新文件与链接文件匹配项。并将选项栏多个进行勾选，如图 7.5-5 所示。

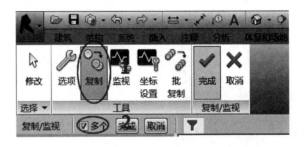

图 7.5-5　协作选项

选中所有轴网，点击 2 次完成，表示完成复制轴网。如图 7.5-6 所示。

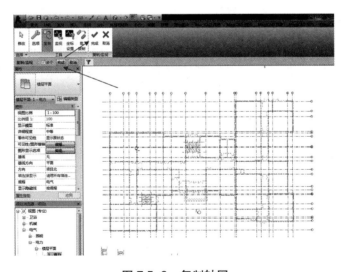

图 7.5-6　复制轴网

复制标高：在项目浏览器中找到任意立面，双击进入，将此模板中原标高（标高2）进行删除，与复制轴网步骤相同，将标高进行复制，将所有建立标高轴网进行锁定，以免影响模型的绘制。如图7.5-7所示。

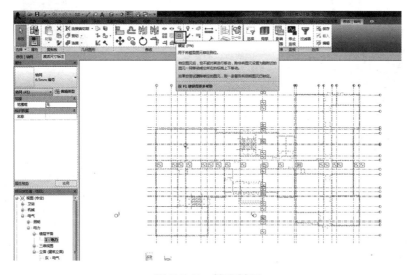

图 7.5-7　锁定轴网

注：复制／监视后可将新建立模型与链接模型建立监视关系，如果所链接的建筑模型中标高轴网有所变更，则打开该 MEP 项目文件时，会显示警告，提示链接文件的修改，以保证主文件与新建模型的一致。

将复制后的标高建立其对应的平面视图：单击"视图"选项卡>"平面视图">"楼层平面"，将所需楼层进行点击，若需将所有标高建立可点击第一个，按住 Shift 键选中最下面一条，就可将所有标高建立其平面视图，点击"确定"结束。

对新建立平面进行更改规程：在项目浏览器中选中所创建平面，在属性栏更改各专业对应规程，而规程用来控制构件的显示。当选择建立电气系统应选择电气规程，选择建立暖通系统应选择机械规程等。更改其子规程使其在规程选项中更好区别，如图7.5-8所示。

更改完成后对项目进行保存。

7.5.2　电气系统的绘制

导入 CAD 模型：单击"插入"选项卡>"导入 CAD"，将其对应的 CAD 文件选中，将文件导入单位设置毫米，定位位置修改为自动—原点到原点，放置位置选择所需要标高。如图7.5-9所示，点击打开即将 CAD 导入完成。

图 7.5-8　规程与子规程修改

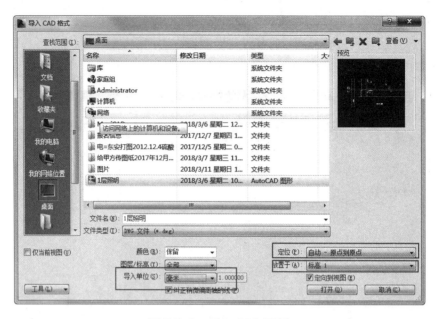

图 7.5-9　导入 CAD 图纸

导入后需要对 CAD 图纸和建立的轴网端点对齐。如图 7.5-10 所示。

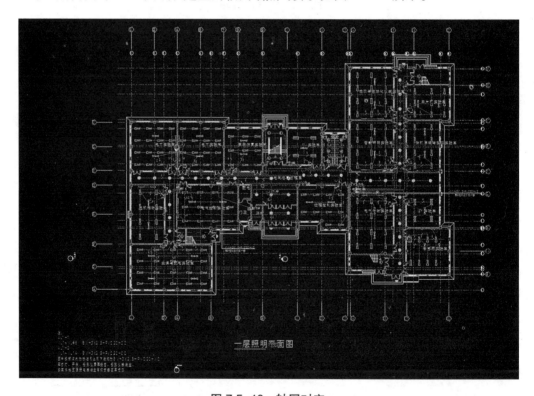

图 7.5-10　轴网对齐

照明设备的放置，有两种放置方式：

（1）建立天花板：可先将该层天花板进行建立，如图 7.5-11 所示。

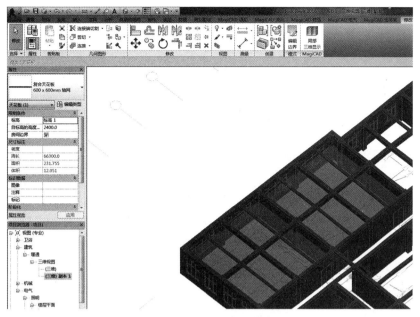

图 7.5-11　创建天花板

然后单击"视图"选项卡>"平面视图">"天花板平面"，在项目浏览器中点击所需绘制的天花板，选中对应的照明设备，并且需要注意绘制过程中设备的放置形式，如图 7.5-12 所示。

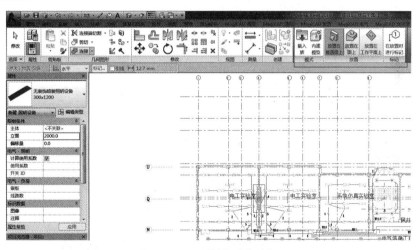

图 7.5-12　放置形式选择

（2）建立参照平面：单击"建筑"、"结构"、"系统"任意选项卡下参照平面即可绘制，快捷键：RP，如图 7.5-13 所示。

图 7.5-13　创建参照平面

在立面视图中绘制一条平行于标高的参照平面，如图 7.5-14 所示。

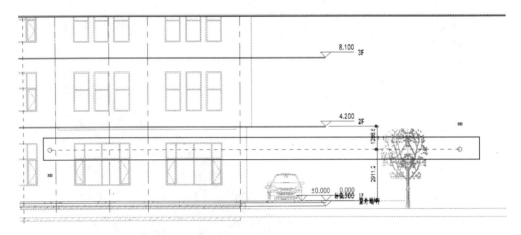

图 7.5-14 绘制参照平面

注：绘制时注意绘制方向从左至右时参照平面向上，从右至左参照平面向下，在绘制照明设备时大多采用从右至左绘制。

在绘制完参考平面，可以将此参照平面进行重新命名，以"一层灯具高度"为例进行绘制，如图 7.5-15 所示。

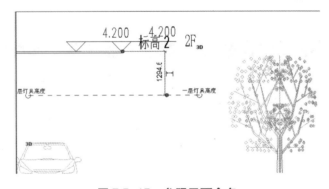

图 7.5-15 参照平面命名

单击"系统"选项卡 >"照明设备"，选中所需要的照明设备或者载入其他照明设备，确定文件放置位置，选择放置在工作平面上，如图 7.5-16 所示。

图 7.5-16 选择放置平面

当前软件提供灯具位置需参考的选项，点击"拾取一个平面"，如图 7.5-17 所示，点击确定。

点击参照线将拾取参照线，并转入绘制平面的视图，如图 7.5-18 所示，选择所需绘制的平面。

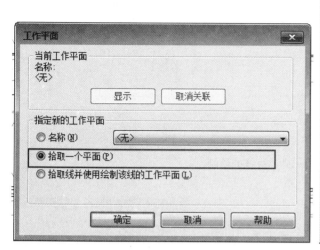

图 7.5-17　拾取平面　　　　　　　　　　图 7.5-18　绘制平面

根据图纸进行绘制，将其他照明装置放置正确，如图 7.5-19 所示。

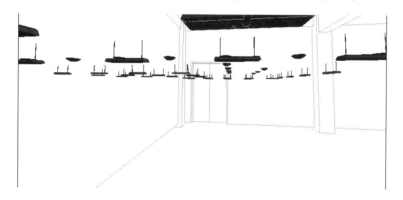

图 7.5-19　灯具放置

灯具放置完毕，可将其他设备一同绘制，之后绘制导线，将线管进行绘制。在线管绘制前要对管径、偏移量设置，如图 7.5-20 所示。

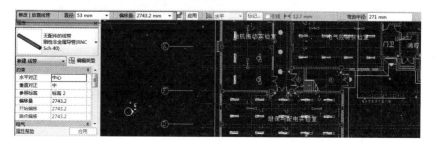

图 7.5-20　线管选项栏

按照图纸对管线进行布置，如图 7.5-21 所示。

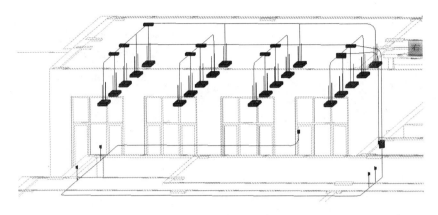

图 7.5-21　管线的绘制

7.5.3　给排水系统的绘制

在此案例中，因暖通设备过少，故不在本章中讲解，同学们可自行练习。

依照电气图纸导入方法将给排水系统进行绘制，链接 Revit 并将 CAD 进行导入，并将平面进行建立绘制。

对暖通系统进行定义，在项目浏览器中单击"族"选项卡 > "管道" > "PVC-U 排水"。如图 7.5-22 所示，并单击图形替换中编辑。

对管道颜色进行赋值，选中所用颜色，如图 7.5-23 所示。在给排水系统中有多条回路：给水、排水、消防水等，所以在绘制中要将多种管颜色进行定义，在观看或导出模型也较为方便。

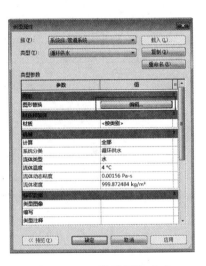

图 7.5-22　管道颜色定义

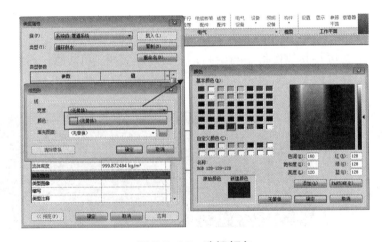

图 7.5-23　选择颜色

定义后可以对卫生器具进行放置，在放置时将卫生器具偏移量调整准确，可参考电气装置放置方式，如图 7.5-24 所示。

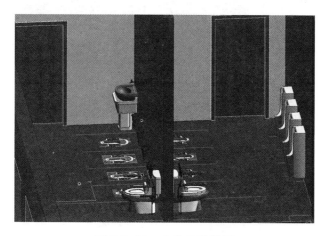

图 7.5-24　安装卫浴装置

将卫浴给水管按照 CAD 图纸进行绘制。在绘制时可以采用从构件绘制，点击构件，如图 7.5-25 所示，构件会出现连接符"加号"，鼠标移动至"加号"点击右键可直接绘制线管。

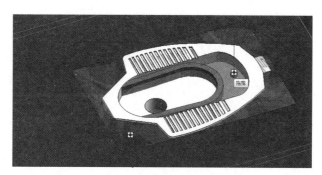

图 7.5-25　绘制给水管

在绘制时注意高度，如图 7.5-26 所示。

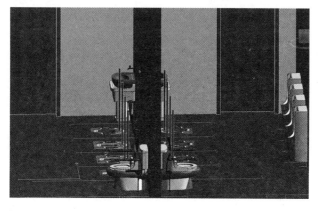

图 7.5-26　安装给水管

将卫浴排水管管按照 CAD 图纸进行绘制，在绘制时注意高度，如图 7.5-27 所示。

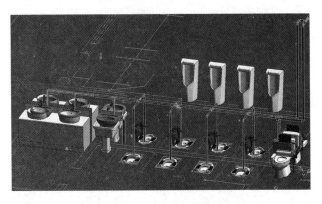

图 7.5-27　给排水局部安装示意

第八章 工程应用

8.1 模型整合

通过各个专业人员对相关专业的模型搭建，最初的分专业 BIM 模型文件已建立完成。在进行其他的应用之前，需要将各专业的模型进行整合，整合在一起的全专业模型才是整个项目的信息集合体。

Autodesk Revit 软件中的模型整合功能，是利用成组链接功能实现的。使用"链接Revit"命令之后，选择的文件就会自动成组进入被链接文件中。点击"插入"选项卡中的【链接 Revit】命令—选择链接文件，见图 8.1-1。

BIM 模型都是具有三维信息的整体，在链接的过程中需要调整两个模型的定位点，其中包括："原点到原点"、"中心到中心"、"通过共享坐标"、"手动原点"、"手动基点"、"手动中心"等对位方式，根据建模设计的定位方式进行选择，本项目案例中参数设定的项目基点位置统一，直接使用原点到原点的定位方式。

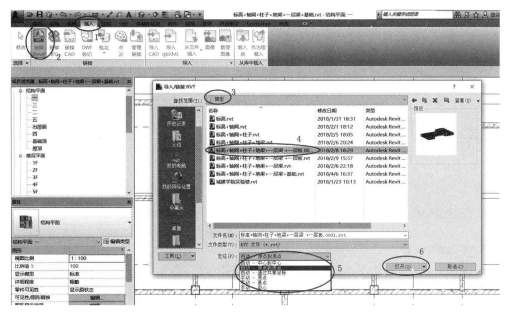

图 8.1-1 链接模型

选择好定位方式之后，选择打开模型，两个不同专业的模型就会被链接在一起，并且被链接文件是一个整体，不能选择单个图元。

将链接模型与原模型合成一个整体，需要进行绑定链接的操作，选中链接文件【修改RVT 链接】选项卡【绑定链接】。

绑定链接会提示是否包含附着的详图以及标高轴网等信息，附着的详图为原文件中创建的详图，一般选择包含；标高和轴网如两个模型的一致则可以不勾选，选择好之后绑定链接。

提示：绑定链接的过程中容易出现错误，导致此过程不可进行，遇到错误情况需按照错误提示更改链接的模型，然后再次链接，直到无错误为止。

绑定链接之后，链接文件与原文件已经成为一个整体的模型，不再是以链接的形式存在，但链接文件自成一组。

解组链接文件：选中链接文件的组，使用解组命令将其组打开。这样之前两个不同专业的模型就整合在一起。

提示：机电管线在链接解组的过程中会出现系统类型丢失的情况，合理选择链接顺序可以解决这一问题。

8.2 碰撞检查与管线综合

8.2.1 碰撞检查

1. 选择图元

如仅需对当前项目中的部分或全部图元进行碰撞检测，可直接选取检测构件，点击"协作"选项卡中的"碰撞检查"功能按钮。如问题查找范围不限于当前文件，则需在运行"碰撞检查"前，先通过模型整合功能将多份文件链接至一体（图 8.2-1）。

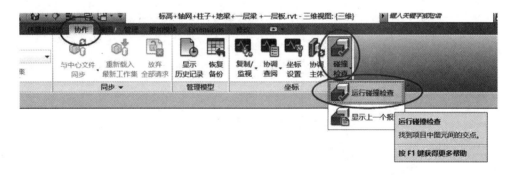

图 8.2-1 选择图元

2. 运行碰撞检查

在"碰撞检查"下拉菜单中选择"运行碰撞检查"。弹出"碰撞检查"对话框，勾选需要检测的图元，图元可来自于"当前选择"、"当前项目"及"链接项目"。

注意：链接文件仅可与当前项目或当前选择中的图元完成碰撞检查，链接文件彼此之间不可进行碰撞检测。

3. 碰撞报告

碰撞图元选定后，单击"碰撞检查"对话框下方【确定】，系统将自行检查碰撞问题，若为零碰撞，则将告知"未检测到冲突"，否则将弹出"冲突报告"对话框。在该对话框中将罗列冲突图元、管道类别、图元 ID 等信息以供查验。

4. 问题核查

在"冲突报告"对话框中选中图元名称，单击左下方【显示】，图元将在当前视图中高亮显示，以供核查。

冲突解决后，单击"冲突报告"中的【刷新】，报告结果将重新梳理，删除已解决问题。

注意：此处所做的刷新，仅重新核查对报告问题的修改情况，不重新运行碰撞检查。

5. 报告导出

在"冲突报告"对话框中单击【导出】，弹出"将冲突报告导出为文件"对话框，设定保存路径、名称，【保存】退出。

6. 报告查询

当需检查上一次报告结果时，单击"协作"—"碰撞检查"，下拉菜单选择"显示上一个报告"即可。

8.2.2　管线综合

以"原点对原点"方式链接各专业模型，依据碰撞报告完成图面调整：

（1）因暖通专业管线较大，综合工作通常优先考虑暖通专业空间需求。

（2）管线调整通用原则：小管让大管，有压让无压，具体避让原则还需根据相关规范及现场安装情况而定。

（3）排烟管宜高于其他风管。

（4）给排水管线较多时，不建议与空调管线并行。

（5）桥架不宜处于水管正下方。

（6）走道吊顶不可被管线满排，需留出足够的操作空间。

注意：本文内容对设计、施工规范未做详细论述，各专业工程师管线综合调整过程中需自行翻阅相关规范，切不可随意更改原始设计方案、影响系统运行效果。因实际工程中各施工单位做法略有区别，管线综合工作除需兼顾上述内容外，还应征求施工现场各专业工长与设计人员意见，经签字确认后方可出图、指导施工。管线综合模型、图纸及签字后的修改意见审核表，需一并存档备查。

8.3　房间及明细表创建

在建筑设计过程中，房间的布置成为空间划分的重要手段。在 Revit 中，房间的创建通过对空间分割后，可自动的统计出各个房间面积，并且在空间区域布局或房间名称修改后，相应的统计结果也会自动更新，减少了大量重复修改的时间，提高了设计效率。

8.3.1　房间和面积

1. 创建房间

在项目浏览器中，打开 1F 楼层平面以"电工实验室"为例添加房间及标记，其余房间自行完成房间的创建。

选择"建筑"选项卡中"房间和面积"面板中的"房间"，在属性面板类型中选择需要放置的类型，即可添加房间与房间标记，如果不需要房间标记，可以取消右上角"在放置时进行标记"命令（图 8.3-1）。

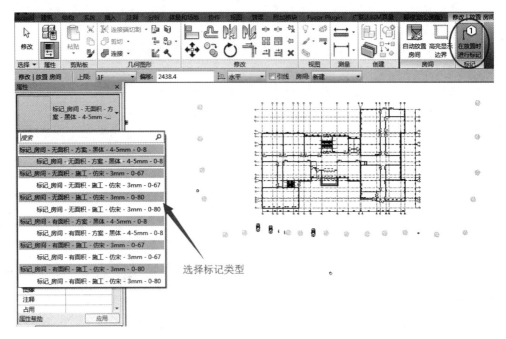

图 8.3-1　房间标记类型选择

选择好标记类型后，可以在"选项栏"中设置相关参数（图 8.3-2）。

图 8.3-2　标记参数

"上限"指定将从其测量房间上边界的标高。

"偏移"房间上边界距该标高的距离，输入正直表示向"上限"标高上方偏移，输入负值表示向下方偏移。

"引线"房间在标记时是否有引线。

在绘图区选择要布置的房间，单击可以放置房间，修改房间名称可以在"属性栏"中修改或放置后双击房间名称完成房间重命名（图 8.3-3）。

2. 添加颜色方案

对于创建的房间为了更好地区分房间的分布，可以为创建的房间进行颜色设置。在"建筑"选项卡，单击"房间和面积"面板的下三角按钮选择"颜色方案"。在弹出的"编辑颜色方案"对话框中，可添加不同颜色的方案，并按方案来定义各房间的颜色及填充样式，在左侧"方案类别"中选择"房间"，将"方案 1"重命名为"房间颜色方案"，"方案定义"面板下"标题"设置为"房间颜色"，"颜色"选择为"名称"，会在下方自动显示以创建的房间名称、颜色和填充样式，可单击进行修改（图 8.3-4）。

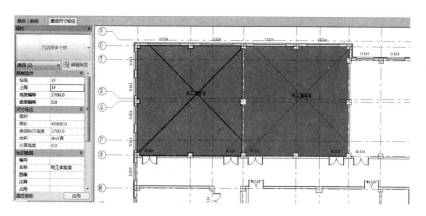

图 8.3-3　房间布置

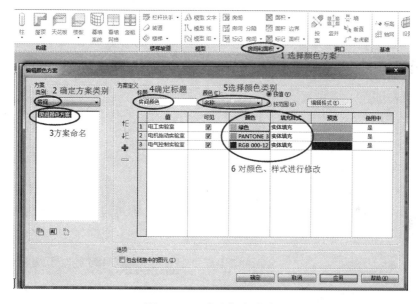

图 8.3-4　确定颜色方案

　　设置好房间颜色方案后，选择"注释"选项卡。"颜色填充"面板中选择"颜色填充图例"按钮，若已有颜色方案，则直接放置颜色填充图例，若新建项目还未布置颜色方案，则在弹出的"选择空间类型和颜色方案"对话框中，选择对应创建的"空间类型"与"颜色方案"，完成颜色图例的设定（图 8.3-5）。

图 8.3-5　颜色图例

　　放置颜色填充图例后，相应的颜色填充方案也会在视图中所创建的房间显示出来（图 8.3-6）。

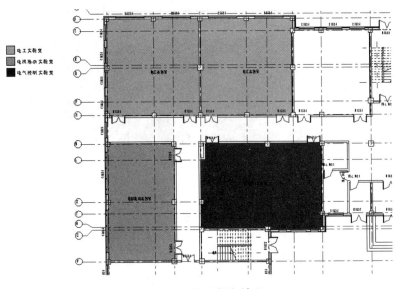

图 8.3-6　房间颜色填充

8.3.2　明细表创建

明细表是 Revit 重要组成部分，通过明细表可以统计出项目各类图元对象，生成相应的明细表，统计模型图元数量、图形构件、材质数量、图纸列表等。在施工图设计过程中，常用的就是统计门窗明细表。

单击"视图"选项卡"创建面板"中"明细表"下拉列表选择"明细表/数量"，弹出"明细表"对话框，在类别选择"门"，点击确定，即可进入明细表属性对话框（图 8.3-7）。

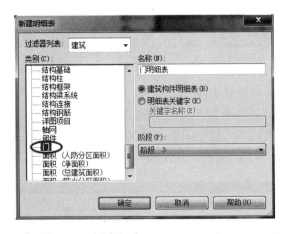

图 8.3-7　明细表创建

在"明细表属性"对话框中"字段"选项卡中，"可用的字段"列表中包括门在明细表中统计的实例参数和类型参数，选择"门明细表"所需的字段，单击"添加"按钮到"明细表字段"，如：类型、宽度、高度、注释、合计和框架类型，如需调整字段顺序，则选中所需调整的字段，单击"上移"或"下移"按钮调整顺序（图 8.3-8）。

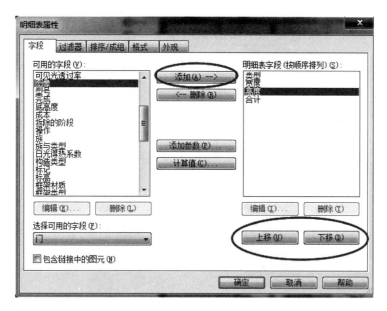

图 8.3-8 门明细表创建

创建完成后会自动弹出"门明细表",也可以在"项目浏览器"中"明细表│数量"菜单中查看已经创建的明细表(图 8.3-9)。

图 8.3-9 门明细表

8.3.3 明细表导出

在应用程序菜单中选择"导出"右侧的扩展三角按钮,选择"报告"中的"明细表",导出".txt"文本文件。将文本直接修改文本文件扩展名为".xis"(图 8.3-10)。

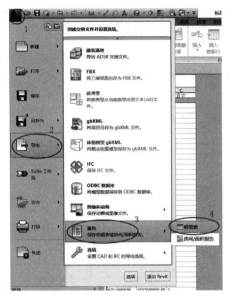

图 8.3-10　明细表导出（一）

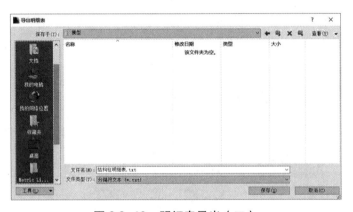

图 8.3-10　明细表导出（二）

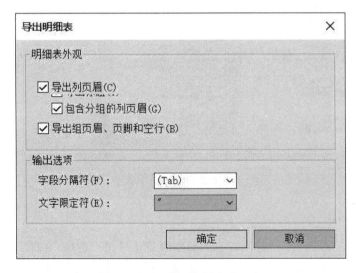

图 8.3-10　明细表导出（三）

参考文献

［1］BIM 工程技术人员专业技能培训用书编委会 .BIM 技术概论 [M]. 北京：中国建筑工业出版社，2016.

［2］BIM 工程技术人员专业技能培训用书编委会 .BIM 建模应用技术 [M]. 北京：中国建筑工业出版社，2016.

［3］王言磊，张祎男，陈炜 .BIM 结构 Autodesk Revit Structure 在土木工程中的应用 [M]. 北京：化学工业出版社，2016.

［4］何凤，梁瑛 .Revit2016 中文版建筑设计从入门到精通 [M]. 北京：人民邮电出版社，2017.

［5］中国建筑科学研究院，建研科技股份有限公司 . 跟高手学 BIM——Revit 建模与工程应用 [M]. 北京：中国建筑工业出版社，2016.

［6］卫涛，李容，刘依莲 . 基于 BIM 的 Revit 建筑与结构设计案例实战 [M]. 北京：清华大学出版社，2017.